最簡單的音樂創作書㉒

母帶後期處理 全書

從混音重點到樂曲類型、目的用途、音訊格式,深入
MASTERING 技術工程專業實務手法

江夏正晃 著　王意婷 譯

前言

這幾年，音樂製作的環境變化很大，由音樂藝術家親自進行母帶後期處理作業已不足為奇。然而，這在不久之前還難以想像。此外，以為母帶後期處理是具備特殊知識或技術的人才能勝任，因此覺得「自己一定辦不到！」的也大有人在。

不過，DAW發展至今，在自宅進行母帶後期處理已經能夠製作出高品質的作品。這不僅是因為電腦、錄音介面的性能已經有所提升、外掛式效果器的品質也升級之外，連母帶後期處理作業都能在DAW中完成的緣故。

這個時代需要的是能一手包辦製作、錄音、混音、母帶後期處理作業等各項工作的音樂藝術家。時至今日，製作CD、壓片已絕非難事，也很容易在網路上發表自己創作的樂曲。引發話題的高解析音樂（high-resolution audio / Hi-Res）的製作環境已經整頓完備，即使是業餘人士也能立即上手。

這意味著，正因為身處在這樣的時代，業餘人士的作品也必須具備一定的水準品質。不管樂曲再怎麼動聽，如果完成後的聲音聽起來太像出自外行人之手，也會大為改變聽眾的印象。

本書依目的分門別類，盡可能以通俗易懂、方便讀者實際操作母帶後期處理作業的方式撰寫而成。過去認為「母帶後期處理很難」、「不知從何開始」的讀者若能暫時放下成見閱讀本書，將是本人的榮幸。

2016年9月 江夏正晃

PART 3 不同樂曲類型的母帶後期處理　　P119

PART 7　母帶後期處理工程師的對談 P229

COLUMN

下載素材時的注意事項

本書提供對照用的音源以及實際操作母帶後期處理作業時的素材。請掃下面的 QR Code 或輸入網址下載檔案。

https://drive.google.com/drive/folders/1pFgSoNrdRSUhe-0yYukAARMjBhBB4KUs

檔案分成「Cubase 用戶」與「其他 DAW 用戶」。需要用到的檔案皆已分別放到以 chapter 命名的資料夾中。

▶針對 Cubase 用戶：
請下載「Cubase 專用音訊」資料夾。當中收錄了試聽用的錄音音檔與混音 / 母帶後期處理專案檔。專案檔是以 Steinberg Cubase Pro 8.5 製作，有可能無法在其他版本或升級後的版本中播放，敬請注意。遇到這種情形時，請使用「Cubase 以外的 DAW 專用音訊」。
有些單元只有錄音音檔，沒有專案檔。從本文的「下載素材」欄位中，可看到「Cubase 用」的檔名名稱，請對照下載檔案使用。副檔名為「cpr」是專案檔；「wav」則是錄音音檔。

▶針對 Cubase 以外的 DAW 用戶：
本書備有試聽專用以及混音 / 母帶後期處理專用的錄音音檔。請下載「Cubase 以外的 DAW 專用音訊」資料夾。混音與母帶後期處理的單元，可先將錄音音檔匯入 DAW，再搭配內文解說，一邊實際操作各階段的作業。從本文的「下載素材」欄位中，可看到「其他 DAW 用」的檔名名稱，請對照下載檔案使用。

PART **1**

母帶後期處理的基礎知識

PART1 從「母帶後期處理究竟是什麼？」、「具有什麼目的和意義？」、
「在家裡進行母帶後期處理有什麼優點？」等先備知識展開說明。具備
母帶後期處理經驗的讀者也可以從 PART2 或 PART3 開始，不過時間
允許的話，建議各位以複習的心態來閱讀本章。這部分也會詳加介紹自
宅進行母帶後期處理時的必備器材，尤其是監聽環境，相信在實務上一
定有所幫助。此外，母帶後期處理上不可或缺的頻率與音壓，也有大篇
幅加以解說。以上這些也是看懂 PART2 和 PART3 會需要的必要知識，
請務必閱讀。接下來請翻到下一頁，邁出前往母帶後期處理世界的第一
步。

01 母帶後期處理不是讓聲音變好聽的神奇調味粉

理解母帶後期處理的真正目的

「母帶後期處理」的兩種含意

　　「母帶後期處理（mastering）」其實有兩個意思。一個是指做為工廠製造唱片或 CD 時的壓片用母帶（master），另一個則是指混音完成之後，將已經立體聲混音（stereo mix）化的樂曲，進行音質、音量、樂曲間隔長度上的調整作業。原先都是用以表示前者的意思，不過有工程師發現，要把多首曲子壓進同一張光碟時，每首歌曲的音量差異與質感上的差別，都會影響聆聽感受，於是著手進行微調。據說這便是最初母帶後期處理會用來表示後者意義的由來。現今指的則多是後者，本書也是以混音完成後的樂曲在音量、音質上的調整技術為主要說明內容。近年除了 CD 這類的唱片媒體，在網路上發表音樂作品的情形也愈來愈常見。因此，線上數位音訊的一系列製作過程，也能算是一種母帶後期處理工程（**圖①**）。

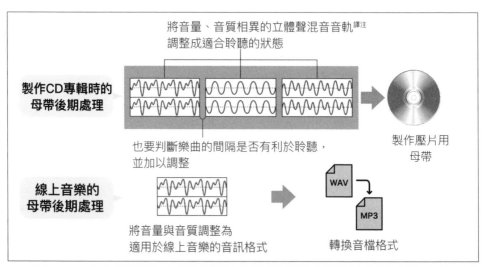

▲**圖①**「母帶後期處理」這個詞彙，在當代是指配合終端媒體來調整立體聲混音樂曲的音量、音質、樂曲間隔長度的技術工程。線上音樂的音訊製作也是母帶後期處理的一種

母帶後期處理的必要性

接著，我們來重新思考母帶後期處理的必要性。一首歌曲經過作曲、編曲、錄音等工程，然後進行混音（mixdown）之後，基本上就可以說完成了。但是如同前面提到的，將多首曲子放進一張專輯時，樂曲的印象會隨著樂曲之間的間隔長度不同而有所差異。舉例來說，安靜的曲子之後突然接節奏強烈的曲子，肯定讓人嚇一跳吧。相反地，要是下一首歌曲遲遲不出現的話，便會感到疑惑。也就是說，樂曲的間隔長度是能左右「樂曲帶來的聆聽感受」的重要因子。

另外，如果每首曲子的音量差距太大，說得極端一點，聽眾就必須頻繁地調節音量。如此一來就無法悠閒地享受音樂了。因此，母帶後期處理階段要展開的作業，即是在不破壞歌曲氣氛的前提下，小心將音量大小調整成一致的狀態，使樂曲聽起來流暢。而且，音樂有各式各樣的聆聽環境，有人是戴上耳機使用音樂隨身聽聆聽音樂，有人則是用高級音響系統的大型喇叭聆聽音樂。因此，將音質調整成在任何聆聽環境之下，都能均質地呈現出創作者企圖表現的音樂性，也是母帶後期處理的重要作業（圖②）。

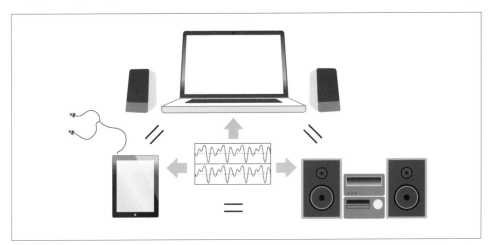

▲圖② 母帶後期處理的目的之一，就是提供聽眾不管在什麼聆聽環境之下，都能聽到和諧一致的聲音

譯注 **立體聲混音音軌**：錄音時，各樂器通常會以單聲道 (mono) 分別錄音，混音時才會將多條單聲道音軌整合起來放進左、右兩條音軌中混音，稱為雙聲道混音或立體聲混音，此時的音軌便稱做立體聲混音音軌。

音壓的思考方向

　　前面已經說明母帶後期處理的概要。不過，有些人或許會認為「母帶後期處理就是將音壓調高的作業」。這幾年，「音壓」這個詞彙的確成為業界的關鍵字之一。因此，這裡要來說明母帶後期處理和音壓的關係（詳細的音壓說明，請參見 chapter06（P48））。

　　母帶後期處理階段會頻繁地展開提高音壓的作業。具體而言，就是減少一首曲子中音量大小的差距，也就是減小動態空間（dynamics），讓整體音量得以全面提高，進而做出扣人心弦的樂曲（**圖③**）。這項作業本身是一種非常普遍的手法。然而為了比其他曲子更引人注目，這種手法已被過度使用，在近幾年衍生出一種風潮。例如，由於音樂隨身聽會隨機播放不同歌手的樂曲，為了在眾多樂曲中脫穎而出，有愈來愈多的樂曲都將音壓提高。這即是所謂的「響度戰爭（loudness war）」。至於為什麼出現這種現象，一般認為或許和人耳具備的神奇特性有關。

　　以能量相同的聲音來說，人耳構造有低頻和高頻聽起來會比中頻小聲的特性。反過來說，低頻和高頻音壓飽滿的樂曲就算音量小，也會因為頻率範圍分布廣泛而形成清楚又華麗的音色。在某些情況下，這種音色還可能被理解成「音頻範圍廣泛的好聲音」。確實，以這種手法處理的樂曲，在耳塞式耳機（earphone）或耳罩式耳機（headphone）的聆聽環境下，聽起來都很順耳，或許也可以說這是適應現代聆聽環境的產物。

　　可是，若是把音壓過度提高的樂曲調大聲一點，或透過喇叭播放出來，有時候因為低頻和高頻過於明顯，而令人感到吵雜。此外，動態空間消失的話，會喪失演奏上的細膩表現或破壞混音平衡，也有可能變成毫無抑揚頓挫又扁平的音樂。錯誤的音壓提高方法將帶來危險，可能會讓煞費苦心的優秀演奏與混音成果化為烏有。

　　母帶後期處理的目的是要做出在任何播放環境中，聲音足以讓人樂在其中的作品。就這層意義而言，音壓高的樂曲未必是「好聲音」。況且，也有許多音壓低卻是「好聲音」的作品。尤其是 90 年代中期以前發行的 CD 有不少音

壓都很低，乍聽之下聲音不但小且樸素，但如果將音量適度調大聲，就會發現很多作品的頻率表現處理十分協調。

　　由此可知，做出飽滿的音色和音壓調整是一體兩面且息息相關。母帶後期處理會需要配合創作者的想法進行適度的調整。因此，不妨說「提高音壓」並非是音壓調節的主要目的，而是一種將音量或音質的平衡表現調整至均勻的手法。音壓調節的優缺點如下。

〈音壓高的優點〉

●在小型的播放系統中，小音量也能感受到廣泛的頻率範圍

●和音壓低的樂曲相比，更容易留下聲音很好的第一印象

●印象會比其他樂曲更鮮明

〈音壓高的缺點〉

●失去動態表現，抑揚頓挫消失

●提高音量時會有吵雜感

●在大型播放系統中或以大音量聆聽時，平衡表現可能失衡

●長時間聆聽時，耳朵容易疲勞

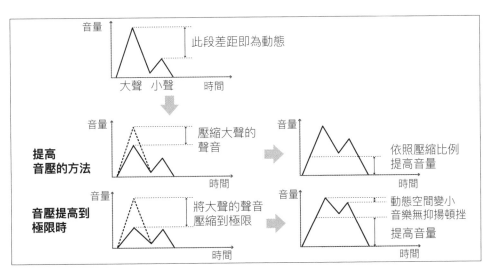

▲圖③調節音壓時需要考慮到動態的平衡表現。重點在於不破壞原本的動態情況下，將音壓調整成悅耳的狀態

母帶後期處理的現代意義

響度戰爭終結了！？

　　響度戰爭在前面的內容中也提過，目前已經算是平息下來了。在音樂隨身聽等裝置中隨機播放歌曲時，只要曲子之間的音壓落差不大，聽起來的確比較舒服。此外，若是透過線上串流平台聆聽音樂，音量大的聲音通常第一印象會比較深刻，這點也無法否認。但是，母帶後期處理本來的目的，就是讓創作者想要表現的聲音在任何聆聽環境下，都能呈現出一致的品質。所以，「聲音小時聽起來順耳，但聲音大時就變吵雜」的音壓提高方式，也說不上恰當。事實上，沒有動態表現、聽起來扁平又吵雜的聲音，往往都不受歡迎（**畫面①**）。

　　為此，與其提高音壓，現今的母帶後期處理作業已經將重點擺在「統整樂曲最終的平衡表現」。母帶後期處理並非是讓音量或音質產生翻天覆地的變化，而是稍微加上一些高低起伏，進而帶出創作者企圖表現的聲音。

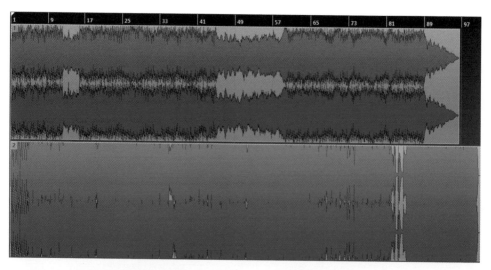

▲畫面① 上方是經過母帶後期處理適當調整的波形；下方是音壓調高到極限導致聲音變得吵雜的波形。下方的波形因外觀而被稱做「海苔狀波形」

母帶後期處理並非萬能

　　此外，在進行母帶後期處理作業時，希望各位記住這句話，母帶後期處理不是一項「讓聲音變好聽」的工程，也不是萬能。經常有人以為「母帶後期處理的時候應該多少能把聲音修好」，然而並非如此。如果已經認知到母帶後期處理是音樂製作的最後一道工程，應該馬上就能知道原因。簡單地說，混音做得不恰當，母帶後期處理階段即使再怎麼努力也成就不了好聲音。況且母帶後期處理階段經手的是立體聲混音音軌，所以能處理的範圍非常有限（**圖①**）。母帶後期處理不是神奇調味粉，而是一項會受到製作工程品質牽動的作業。

　　反過來說，就算混音做得近乎完美，母帶後期處理若不恰當的話，也可能會讓聲音變糟。如同前面說明提高音壓的缺點時所提到，為了避免這種情況發生，請務必將「母帶後期處理是樂曲完成之前的最後微調」牢記在心。

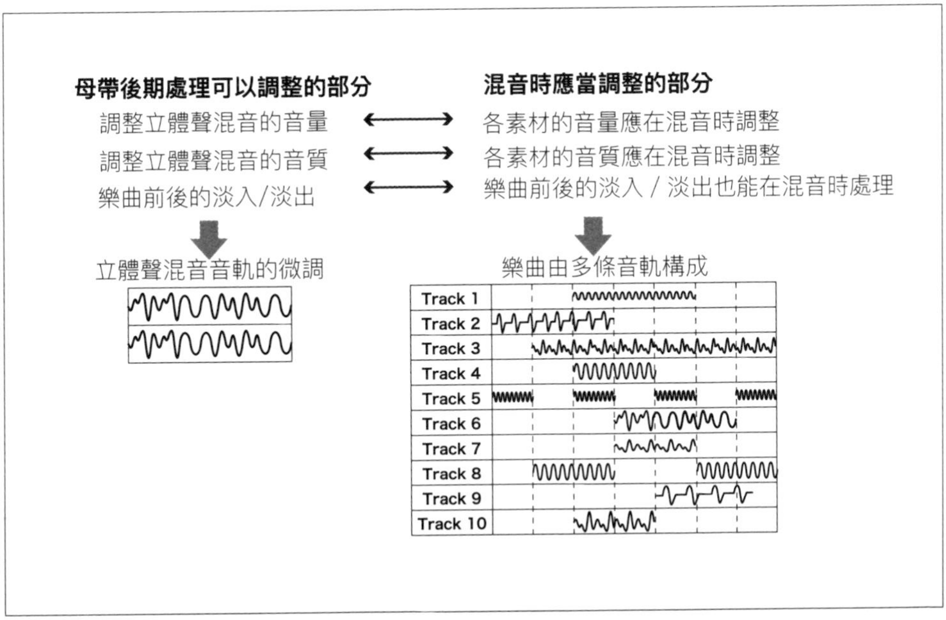

母帶後期處理可以調整的部分　　　　**混音時應當調整的部分**

調整立體聲混音的音量　　⟷　　各素材的音量應在混音時調整

調整立體聲混音的音質　　⟷　　各素材的音質應在混音時調整

樂曲前後的淡入/淡出　　⟷　　樂曲前後的淡入 / 淡出也能在混音時處理

立體聲混音音軌的微調　　　　　　樂曲由多條音軌構成

Track 1	
Track 2	
Track 3	
Track 4	
Track 5	
Track 6	
Track 7	
Track 8	
Track 9	
Track 10	

▲**圖① 請記住母帶後期處理始終都是最終階段的微調作業**

在家進行母帶後期處理的好處

　　雖然只憑藉母帶後期處理是無法讓聲音變好，不過若有良好的錄音與優秀的混音，依條件適度地進行母帶後期處理，的確能做出聲音優異的作品。況且現在的 DAW^{譯注}軟體具有相當高的性能，即使是業餘的作業環境，只要多加磨練，母帶後期處理能處理到相當水準。

　　另外，作曲或數位作編曲、混音工程都自己處理的讀者，當母帶後期處理階段察覺到問題時，就能立即返回問題發生的時間點進行修復作業。這點算得上是在家利用 DAW 進行母帶後期處理的最大好處。如果母帶後期處理無法順利進行的原因出在混音的話，只要重新混音即可。如此一步步累積經驗，想必一定能慢慢理解混音應該要做到什麼程度，才能讓母帶後期處理順利進行。從作曲到母帶後期處理都想充分利用 DAW 的讀者，就必須具備這類製作統籌的能力（**圖②**）。當然，本書會逐步說明掌握此能力的方法。各位在讀完本書後或許會感到意外，因為各位的音樂製作方法將會有所改變。

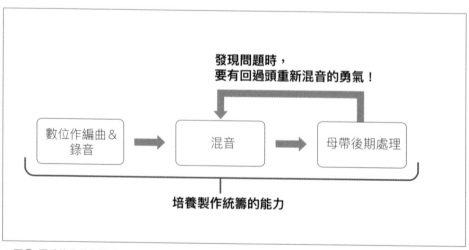

▲圖② 優秀的母帶後期處理需要具備製作統籌的能力

譯注 **DAW**：數位音訊工作站，全名為 Digital Audio Workstation，數位音樂的編輯製作軟體。

● COLUMN

一首讓人思考「音壓」和「好聲音」之間有何關連的歌曲

　　匿名者合唱團（Incognito）的〈COLIBIRI〉是筆者個人認為十分優秀的混音作品之一。這首是1992年發行的專輯《Tribes, Vibes And Scribes》所收錄的第一首歌曲。這首曲子的混音讓人一閉上雙眼，腦海中就會浮現所有樂器的聲像，但音壓卻調得很小。因此，筆者把CD當成實驗素材，嘗試重新進行母帶後期處理，可是再怎麼努力也無法超越原版。只是轉大音量旋鈕來提高CD的播放音量，聲音還比較好。

　　匿名者合唱團是樂器編制龐大的樂團，許多樂器呈交疊狀態。一般而言，聲音數——也就是聲音組成成分的數量——愈多，各樂器所占的空間比例就愈小，樂曲整體的印象也往往顯得扁平。而這首歌曲的音壓雖然小，每個音色卻都保有自己的空間，動態表現也相當扎實。SONOR小鼓很乾的鼓聲、常被說音色不夠乾淨的Fender Rhodes復古電鋼琴聲、動感的貝斯聲，全都相當生動，讓人感受到一種絕妙的混音平衡表現。此外，從低頻到高頻的素材都分布的相當均勻。

　　若音壓以音量推到最滿的方式重新進行這首曲子的母帶後期處理，會有如樂團突然換到空間狹窄的房間進行演奏，而產生侷促感。然而，原版的音量轉得愈大，空間卻有愈開闊的感覺。這首曲子或許無法用來做為現代母帶後期處理的參考，不過在思考音壓與聲音好壞的關係時很值得參考。尤其是從混音角度來看，這首是相當值得學習的優秀樂曲，請務必聽聽看。

《Tribes, Vibes And Scribes》/ 匿名者合唱團

02 錄音與混音對母帶後期處理的重要性

錄音會影響音質的最終表現

錄音電平的重要性

　　錄音是左右音質的第一道工程，錄音的好壞甚至會對母帶後期處理造成影響。首先，第一個重點就是要以足夠大的電平（recording level）進行高訊噪比[譯注1]的錄音工程。訊噪比指的是訊號（signal）與雜訊（noise）的比值，「高訊噪比」表示雜訊少。在 DAW 的環境中可能不會太在意雜訊的問題，然而，對於要錄音的樂器和錄音器材而言，有時候雜訊還是無可避免。舉例來說，以線路輸入的方式（Line in）[譯注2]錄吉他時，雜訊通常會被收錄進去。此時，若以小音量錄吉他，在混音等階段再提高音量的話，被收錄進去的雜訊音量也會跟著變大。不過，樂器聲以大音量錄音的話，雜訊聲會相對變小，因此混音時的訊噪比就會比較理想（圖①）。

　　另外，在錄麥克風時，麥克風的音量會透過麥克風前級（mic preamp）放

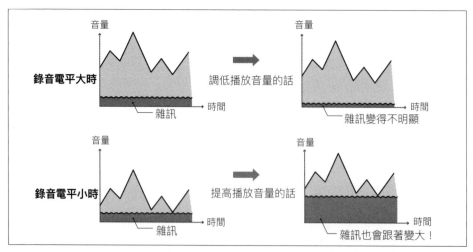

▲圖① 當雜訊的電平值是固定時，只要將樂器的錄音電平調大，雜訊就不至於太明顯。提高錄音電平有時候還是會讓雜訊跟著變大，因此不是每次都能像圖示那樣順利。總之，基本上就是盡可能以大音量來錄製樂器聲

大，但隨著使用的麥克風類型、麥克風前級的性能以及麥克風的擺位方式不同，聲音的細膩表現也會大不相同。以大音量錄音的話，各器材的個性特別容易顯現出來，因此各具特色的麥克風或麥克風前級若能分開運用的話，最終一定可以做出立體的聲音。所以，要知道不是等待後端工程來補救，而是錄音時就要細心處理聲音的表現。這些乍看之下似乎與母帶後期處理無關，但卻是音樂製作統籌的重要概念。

軟體音源也要「錄」起來

以軟體音源為主要素材、從頭到尾都在 DAW 上完成音樂製作的人，通常都以為自己和錄音等工程八竿子打不著。不過，有用到音源軟體的樂曲在完成後，建議也要轉成錄音音檔（在錄音音軌中錄音）。混音時經常會用到各種外掛式效果器（plug-ins），也因此會占用電腦許多空間資源。最慘的情況是電子可能會以雜訊的型態出現，因此才會建議要另外輸出成音訊（audio）的格式。此外，轉檔時記得要盡量把音量調大（**圖②**）。因為是軟體音源的關係，所以不需要太在意訊噪比。筆者認為平時能養成這些習慣，就是「做出好聲音」的第一步。

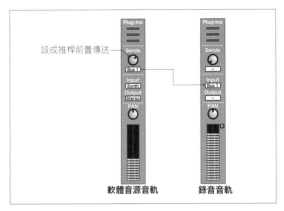

設成推桿前置傳送

軟體音源音軌　　　錄音音軌

◀**圖②** 有些DAW軟體可以透過匯流排 (BUS) [譯注3] 將軟體音源的聲音錄到錄音音軌中。此時，只要使用不受音量推桿影響的前置傳送 (pre fader／PLF)，利用前置傳送的音量 (Sends) 設定錄音電平，就不會影響到播放時的音量，非常方便

譯注 1 **高訊噪比**：訊號雜訊比，Signal–to–noise ratio，縮寫為 SNR 或 S/N。
譯注 2 **線路輸入**：聲音訊號有不同的電平 (level，音量＝訊號大小) 和輸入類型，如 Line 電平 (line level)、麥克風電平 (mic level)、樂器電平 (instrument level)。輸入則以「in」表示，如：Line in 即是訊號以 Line (線路) 電平輸入。一般會以 Line in、Mic in 稱之。
譯注 3 **匯流排**：可讓一個或複數訊號傳輸的共同路徑。混音器中則可匯集多調音軌再匯出至其他目標。

混音時要能預見作品的最終面貌

混音的原則是「減法」

　　混音是左右樂曲音質最終表現的最重要工程。混音沒有處理好，卻指望母帶後期處理修正音質或音壓，結果也只會讓樂曲表現失衡。混音的具體做法將在 PART2（P55）解說，下面要說明為了做出好聲音該有的兩個觀念。

- **盡量減少聲音數量。即減少音軌數量**
- **混音時，音量推桿基本上只會往下拉**

　　這是大前提。也就是說「混音的基本原則就是減法」。做音樂時往往什麼都想要嘗試，腦中會塞進很多想法。當然，每位創作者都想實現自己的想法。可是，聲音數量愈多，整合聲音的混音作業也愈難進行，最後還是得靠母帶後期處理來提高音壓的話會非常辛苦。

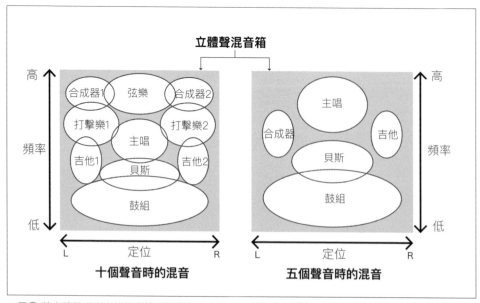

▲圖① 將立體聲混音音軌視為箱子的概念示意圖。一次塞進十個聲音會壓縮樂器彼此的空間，聲音的配置變得不清楚。另一方面，五個聲音的空間相對充裕，各聲音的配置比較明瞭清楚

減少聲音數量就是將想法去蕪存菁

混音就是一項在立體聲（雙聲道，stereo）這個大小已經固定的箱子中，將聲音排列組合的作業。在箱子中塞進十個聲音？還是五個聲音？哪一種做法最能展現聲音個別的魅力，應該一目瞭然（圖①）。毫無疑問地，五個聲音的配置空間充裕，因此也比較容易整頓。此外，減少音軌數量的好處是，可以順便整理腦海中的想法，進而把精神集中在混音作業上。從各方面來看，減少聲音數量的優點很多。只是，管弦樂或和聲這類要層層堆疊才能顯現厚度的素材則必須另當別論。因此不妨把這類聲音視為同一組素材來思考。如果聲音數量已經無法減少時，就可以將同類型的素材編組起來處理。以節奏藍調（R&B）常見的手法為例，光是把大鼓和貝斯的節奏調成一致，就足以整合低頻的表現了。

此外，錄音音量夠大的話，混音時推桿只要向下拉就可以調整平衡表現（圖②）。如此一來，即使素材含有雜訊，也能將影響降到最低。母帶後期處理總是處理得不盡理想的人，只要重新檢視上述兩點，一定能獲得相當大的改善，請務必記起來。

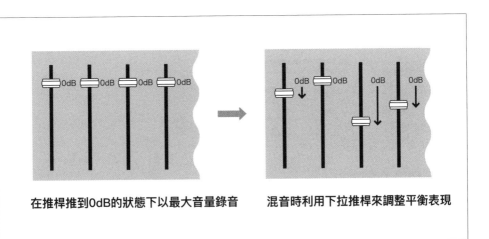

在推桿推到0dB的狀態下以最大音量錄音　　混音時利用下拉推桿來調整平衡表現

▲圖② 先將錄音的音量盡量推大，混音時只要下拉推桿就能調整平衡表現

在家進行母帶後期處理的系統建置

必備的器材有哪些？

一般的 DAW 環境即可

已經在使用 DAW 製作音樂的讀者，想必都有母帶後期處理會用到的器材了。不過慎重起見，還是列舉出來（**圖①**）。

- ●電腦
- ●數位音訊工作站（DAW）
- ●母帶後期處理軟體
- ●母帶後期處理專用外掛式效果器（plug-ins）
- ●錄音介面（audio interface）
- ●喇叭（監聽系統）
- ●耳機（headphone）

首先，各位最在意的應該是 DAW，其實任何一款都行。至於母帶後期處理軟體和母帶後期處理專用外掛式效果器的部分，有些人可能會說手邊沒有這

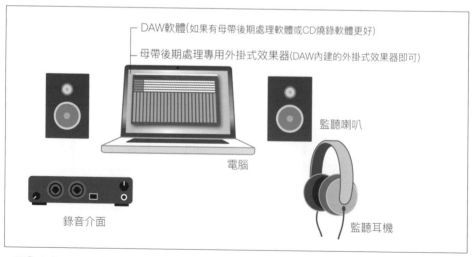

DAW軟體(如果有母帶後期處理軟體或CD燒錄軟體更好)

母帶後期處理專用外掛式效果器(DAW內建的外掛式效果器即可)

監聽喇叭

電腦

錄音介面

監聽耳機

▲圖① 有在DAW環境中製作音樂的人，隨時都能進行母帶後期處理

些軟體，但不用擔心。母帶後期處理軟體主要用在燒錄CD。

由於音量或音質相關的處理全部都在DAW上進行，所以就算沒有「母帶後期處理軟體」，只要有能夠燒錄CD的軟體就可以了。這點會在chapter32（P212）說明。另外，只做音檔不製作CD的話，就不需要母帶後期處理軟體。外掛式效果器方面，DAW內建已有等化器（equalizer，EQ）、壓縮器（compressor）、音量最大化效果器（maximizer）、限幅器（limiter）等效果器，這些已經非常堪用。本書也會介紹由第三方軟體廠商開發的外掛式效果器，不過那些產品可以等到已經熟悉母帶後期處理作業時再考慮就好。

此外，正要購買DAW等器材的人經常會問到「Mac或Windows系統哪個好？」。就功能面而言，選哪一個都可以。不過，Windows系統中有些器材不支援音樂製作，因此記得要和店家詢問清楚。DAW和哪個作業系統相容也是重點。另外，DAW本身並沒有支援或不支援母帶後期處理的問題。差別只在於操作上各有特色，建議和身邊的DAW用戶討論切磋。

關於作業環境，只有一點要請各位確認。本書為求客觀判斷音壓的狀況，會使用RMS[譯注1]儀表（參見chapter06（P48））（**畫面①**）。請確認DAW內建的外掛式效果器中，是否有能夠顯示RMS值的音量儀表。

▲▶**畫面①** 筆者使用的兩款RMS表。左邊是配備在UNIVERSAL AUDIO UAD系列的限幅器Precision Limiter中的RMS表；右邊則是RME廠牌的錄音介面內建的頻譜軟體DIGICheck。DIGICheck頻譜儀的中間兩條是峰值表[譯注2]，左右兩條是RMS表

譯注1 **RMS**：Root Mean Square，平均方根或稱均方根，一般習慣使用英文縮寫RMS。RMS值是聲音訊號的音量平均值。
譯注2 **峰值表**：峰值為聲音訊號音量的瞬間最大值，此儀表可顯示峰值的狀況。

錄音介面的重要性

在完全不錄音、只用 DAW 製作音樂的人當中，有些人連錄音介面都不會用到。不過，在母帶後期處理時，錄音介面是必備的器材。原因在於，比起電腦內建的音效卡，透過錄音介面監聽較能捕捉聲音的細膩表現，操作時的精準度也比較高（**照片①**）。

錄音介面的價格和種類都很豐富，基本上只要配合個人的製作方式，挑選連接埠（I/O）數量合適的機型即可。舉例來說，如果是從頭到尾都只在 DAW 中製作音樂的話，兩個輸出端子（2ch）就足夠使用了。不過，請記住音質會隨錄音介面的不同而有差異。由於錄音介面是轉換數位音訊和類比音訊的裝置，其品質和聲音效果會隨產品而異。

另外，近年有些錄音介面已經具有便於母帶後期處理的功能。例如，RME 廠牌的錄音介面系列產品，內建有可以顯示 RMS 值的頻譜軟體 DIGICheck。這些都是挑選器材時的參考重點，可多加留意。

▲照片① 這是收納在機櫃中、筆者使用的錄音介面「RME Fireface 800」（由下往上數來第四台）

監聽喇叭也是必備器材

在母帶後期處理時，準確地聽取聲音很重要。因此，喇叭也要使用樂器行用於音樂製作專用的監聽喇叭（monitor speaker）（**照片②**）。使用家用音響或一般聽音樂用的喇叭，風險很大。這些產品為了增添聆聽樂趣，音色通常經過「美化」，聲音聽起來很可能和其他喇叭完全不同，因此不適合做為母帶後期處理的監聽喇叭。

另外，監聽喇叭也會隨著產品不同而有各自的特色，然而每一款都是為了準確聽取聲音而設計。有時候也會不知道該選哪種喇叭尺寸，不過請先考量自己的製作環境在空間與音量上的限制，萬一真的不知道從何挑起，建議選擇體積稍大的產品。基本上，喇叭的尺寸愈大，低音表現也愈好。有些店家會同意客人用自己帶去的 CD 測試喇叭，所以不妨帶一張常聽的 CD 到店家試聽。

主要的監聽喇叭準備好之後，基本上就沒問題了。不過，為了確認曲子在一般監聽環境下的聆聽效果，若能同時備妥手提音響、桌上型喇叭等器材就無懈可擊了。

▲照片② 監聽喇叭是音樂製作的關鍵

耳機也要是音樂製作專用產品

進行母帶後期處理時，為了確認聲音的最終狀況，通常會希望在各種監聽環境中檢視聲音，因此會需要監聽喇叭、手提音響等用途各異的喇叭。除此之外，耳罩式耳機也是一定要備妥的器材。

由於耳機的音色差異比喇叭明顯，也的確很難判斷選擇，不過會建議挑選音色沒有美化，並且是專門為音樂製作研發的監聽耳機。

以日本錄音室中最常見的 SONY MDR-CD900ST 為例，這款監聽耳機在母帶後期處理時非常實用（**照片③**）。尤其是在確認聲音的細膩表現時，這款可以聽得十分清楚。另一個優點是，很多音樂製作的相關人士都在使用，所以彼此對於聲音上的感受也會比較接近。

此外，長期使用 MDR-CD900ST 的讀者，請記得檢查耳罩等零件是否有劣化的情形。有時只要把劣化的零件換掉，音質就能有所提升。

▲照片③ 在專業錄音室也很常見的監聽耳機SONY MDR–CD900ST

使用 DAW 內建的外掛式效果器即可

如前面所述，DAW 內建已經具備母帶後期處理所需的外掛式效果器。只要有等化器（equalizer，EQ）、壓縮器（compressor）或多頻段壓縮器（multiband compressor）、限幅器（limiter）或音量最大化效果器（maximizer）這類一般稱做動態範圍處理器（dynamics processor）的效果器就足夠（**畫面②**）。

等到內建的效果器已經用到很上手了，就可以嘗試第三方軟體的外掛式效果器，想必會很有趣。在此列舉幾款專業級常見的第三方軟體外掛式效果器，供各位參考。WAVES Silver ／ Gold ／ Platinum ／ Diamond ／ Mercury 等 Bundle 系列；UNIVERSAL AUDIO UAD-2 系列；Sonnox Oxford 系列；IK Multimedia T-RackS 系列。WAVES 的特色在於產品種類豐富，十分吸引人；UNIVERSAL AUDIO 模擬經典機種的仿真能力相當優異，大力推薦給想強調個人風格的使用者。IK Multimedia 的產品則是以實惠的價格廣受用戶歡迎，甚至具備近年來在母帶後期處理上屬於高階做法的 MS 處理（參見 P156）功能，讓用戶得以在母帶後期處理上精雕細琢。

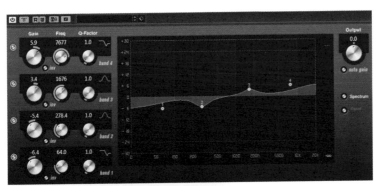

◀▲畫面② 筆者使用的是 Cubase Pro 8.5 內建的動態範圍處理器。左上是 EQ，左下是壓縮器，右方則是限幅器

整頓監聽環境

系統建置最關鍵的重點

　　備妥器材也接上線路之後，還不能說系統建置已經完成。在建置母帶後期處理的系統時，最重要的就是整頓監聽環境。即使特地添購優秀的監聽喇叭，監聽環境不佳的話，還是無法順利進行母帶後期處理。這時請務必重新審視錄音室的環境。不必花上大把鈔票就能改善監聽環境的方法很多，可以嘗試在各方面下工夫。有時候甚至會使聲音發生驚人的變化。

思考空間和喇叭的擺放位置

　　首先要留意喇叭的擺放位置。因為喇叭在房間中的擺放位置，會連帶影響聲音的表現。舉例來說，常見的狀況是低頻聽不清楚，或是變得異常大聲。這就是駐波（standing wave）現象所造成的問題。駐波是指朝向牆壁前進的聲

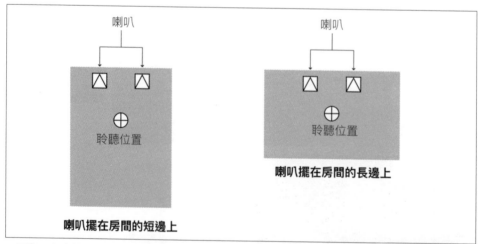

▲圖① 一般來說，喇叭擺在房間的長邊上較不易形成駐波。然而，隨著房間的狀況不一，擺在長邊上也未必不會產生駐波

音，和從牆壁反射而來的聲音，兩者互相干擾時所產生的聲波。由於波形看起來像停止狀態下的振盪，因此以此命名。在空間不寬敞的四方形房間中，低頻就會受到這種駐波的影響。

當這類問題發生時，最簡單的做法就是改變喇叭的位置。一般而言，喇叭擺在房間的長邊上，會比擺在短邊上不易產生駐波（圖①）。另外，將喇叭擺在錄音室斜角上的方位（圖②）時，由於牆面變成左右不對稱的狀態，同樣會讓駐波難以形成。

當喇叭不得不擺在短邊上時，也可以在聆聽位置的後方牆面上加裝吸音材，或窗簾、家具等不易反射（容易吸收）聲音的物體（圖③）。此外，還有能算出喇叭擺在哪裡才不易受駐波影響的計算公式，不過坪數大小、家具、器材、門窗位置、牆壁或地板材質等都是使房間的環境條件不一的原因。很多時候無法用計算結果一概而論，要是察覺到聲音確實有受到駐波的影響，最好的方式就是先嘗試改變喇叭的擺放位置。

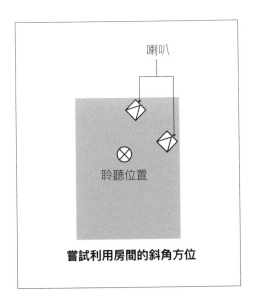

嘗試利用房間的斜角方位

▲圖② 平行的牆面也是導致駐波形成的原因，因此也可以像上圖那樣，大膽地嘗試利用房間的斜角方位

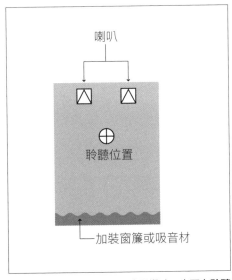

▲圖③ 當聲音疑似受到駐波影響時，也可在聆聽位置的後方加裝能吸收聲音的素材

抑制早期反射音～吸音板的做法

　　當有聲音成像模糊、聲音不分明、細微的音像定位（panning）沒有反映出來等狀況時，就要懷疑是否受到早期反射音（early reflections）的影響。早期反射音指的是，從喇叭發出的直達音（direct sound）在遇到牆壁等物體後，經過一次反射進到耳中的反射音（**圖④**）。

　　早期反射音和直達音互相干擾就會影響監聽品質。尤其是當聆聽位置很靠近左右兩側的牆面時，這種早期反射音便可能造成明顯的影響。

　　在這類問題的處理上，一般會選擇在牆面上安裝可吸收聲音的「吸音材」來抑制反射現象。事實上錄音室的牆壁內側等處，大多也都有安裝吸音材。

　　吸音材的安裝位置必須隨房間環境而異，因此最好多加嘗試各種安裝位置。此外，市面上雖然有各式各樣的吸音產品，不過也可以買材料回來自己做。吸音效果好不好就看個人技術，有興趣的讀者可以試做看看（製作時請多加注意，不要受傷了）。

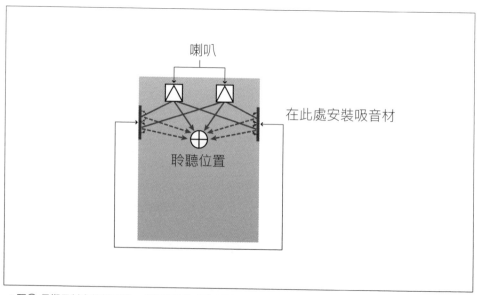

▲圖④ 早期反射音的模式圖。虛線箭頭為早期反射音

吸音板的自製範例

[製作時的注意事項]

　岩棉（rock wool / mineral wool）直接接觸到皮膚會引發紅癢，使用時記得戴上手套，勿以手直接碰觸。再者，岩棉纖維直徑很細，為了避免吸入體內，處理時務必戴上口罩。

　製作時至少需要兩人，並在室外進行。

　吸音效果方面以及製作時如有發生意外，作者與出版社恕不負責，敬請見諒。

[自製1塊665mm × 515mm吸音板]

　岩棉（片狀）：厚40mm × 605mm × 455mm / 1片

　木條（30mm × 40mm方形）：670mm / 2條；455mm / 2條

　外罩（布面）：寬880mm × 1,400mm

　螺絲（木螺釘）：45mm × 8支

　工具：電動螺絲起子&電鑽、釘槍、剪刀、美工刀、噴霧瓶

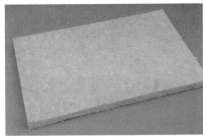

◀岩棉。照片中的尺寸為厚40mm × 605mm × 910mm，這個大小的一半可以做一塊吸音板。

▲木條和工具類

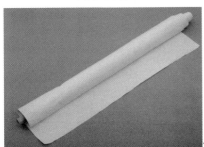

◀外罩。使用成捆寬880mm的淺米色布料

Step1 ●製作木框

利用木條製作收納岩棉的外框。將670mm的木條和455mm的木條以直角相接,用電鑽在每個角上預開兩個木螺釘用的孔,再鎖上螺絲。作業以兩人一組,一人負責鑽洞,一人負責按住木條固定,以防形狀走樣。

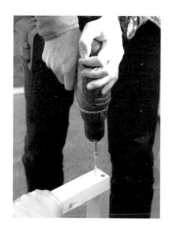

◀將兩條木條的角接合,再用電鑽開孔。開孔的祕訣是孔洞要開在對角線上,而非平行線上。接著,將電動鑽頭換成螺絲起子,鎖上螺絲。四個角皆施以相同作業。

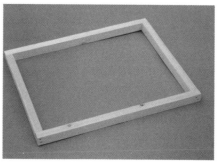

◀木框完成後的模樣

Step2 ●先在一面上鋪上外罩

將外罩裁切成木框大小,再用釘槍固定在木框側邊上。依任一長邊邊角→中央→邊角的順序,一手拉緊布料,一邊以釘槍固定。接著,為了防止外罩凹凸不平,要先用噴霧瓶噴水,再用釘槍固定另一長邊。短邊也以相同方式固定,最後再以釘槍固定兩角和中央之間的部分。

▲裁切外罩時,外罩大小要能完全蓋住木框的側邊

◀用釘槍把外罩固定在木框側邊上。邊角上的布料像照片那樣反折,就能收整得很漂亮

▲打釘打到中央時也要確實拉緊罩布,以免罩布不平整

▲固定好一面之後,先噴水再固定另一面,就能鋪得很伏貼

▲多餘的部分以剪刀裁掉

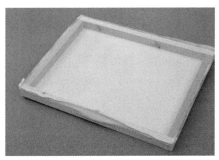

▲鋪到這種程度就可以了

Step3 ●將岩棉收進木框中

將岩棉收進木框中。市售的岩棉尺寸大多為厚40mm × 605mm × 910mm,因此只要裁成一半,就能收進木框中。

Step4 ●在另一面鋪上外罩後即完成

用釘槍將剩下的外罩固定在木框另一面,以防止岩棉外露。此處也要先噴水,再一邊拉緊布料一邊打釘固定。最後再用剪刀裁掉多餘的布料就完成了。

▲岩棉鑲進木框中的狀態

◀完成後的吸音板。考量到左右牆面都要安裝吸音板,建議要配合岩棉的尺寸,準備雙倍材料,就能一次做兩塊板子

PART
1

活用喇叭墊片

至於喇叭的擺放方式，基本上會避免直接接觸桌面或平臺面。舉例來說，當喇叭置於桌面上時，喇叭發出的振動會連帶讓桌子也產生振動而「發出聲音」。若是這個聲音和喇叭發出的聲音混在一起的話，恐怕會無法精確地監聽聲音。為了防止這種情況發生，通常會使用「喇叭墊片（insulator）」（**照片①**）。每間公司都有各自開發的喇叭墊片，外型或材質各具特色，而這些墊片大多會以「點」來支撐喇叭，以抑制從喇叭底部傳來的振動。

一個喇叭一般會用到三或四個墊片來支撐。使用三個墊片時，盡可能不要擺成正三角形或等腰三角形，最好稍微錯開一點，受到振動的影響據說會比較小。這個部分就要請各位自行實驗了。

另外，安裝三個墊片的意義是要防止喇叭晃動，以這點而言的確可行，不過穩定性還是不如四個墊片。擺放喇叭時，記得要挑選水平且不會碰撞到其他物體的地方。

▲照片① 筆者使用的喇叭墊片 OYAIDE INS-SP 和 INS-US

使用音響專用的防震墊

喇叭放在什麼物體上,也會大幅影響監聽品質。例如,將喇叭擺放在玻璃櫃這種櫃體中空的物體上,即使墊片再高級,效果也不會太理想。當物體的內部是中空時,該物體本身會像喇叭音箱一樣振動,因此更容易「發出聲音」。同理,有抽屜的桌子也不適合。若已決定擺在桌上的話,最好挑選簡約的款式。

最理想的做法是擺在音響專用的喇叭架上。當只能擺在桌上時,建議要在喇叭底下墊上一塊有抑振效果的大理石或人造大理石材質的音響專用防震墊。順帶一提,筆者是自己製作人造大理石材質的喇叭平台,喇叭和平台之間再以墊片相隔。而且喇叭台平台墊上腳墊後,才置於防震墊上。比起直接將喇叭置於桌面上,這種做法的聲音比較乾淨。

喇叭的擺放方式並沒有「非得這樣做」的規則。總之,為了避免讓不必要的振動擴散,請自行多加嘗試各種做法(**照片②**)。

▲照片② 筆者錄音室使用大理石材質的防震墊,還加裝照片①的墊片來安置喇叭

喇叭後方也要注意！

　　擺放喇叭時，也要注意喇叭和牆壁之間的距離。基本上不能緊貼牆面。喇叭和牆壁愈近，也愈容易凸顯特定的低頻。低頻的表現不夠具體時，大多都是因為喇叭沒有和後方的牆面保持距離。只要移動幾公分，就會有顯著的效果，因此最好重新檢查一下（圖⑤）。此外，喇叭的背面也非常容易受到早期反射音的影響。因此，喇叭後方的牆壁也要做吸音處理（圖⑥）。

找出最恰當的聆聽位置

　　再來要衡量喇叭和你的相對位置，也就是聆聽位置。首先以喇叭擺放的理想高度來看，雙耳介於低音單體（woofer）和高音單體（tweeter）中間左右最為理想。當然，這也會隨產品規格而異，不過請先以此為基準來調整，找出高音到低音聽起來都流暢的擺放高度。有些產品的高音單體擺在和耳朵齊高的位置能提升清晰度。由於負責發出高音的高音單體，會因擺放高度的些微差距，而使聲音聽起來大幅改變，因此，調整高度時要謹慎行事（圖⑦）。

　　此外，以聆聽位置為中線，左右兩支喇叭的擺放方位要與中線相夾 30 度

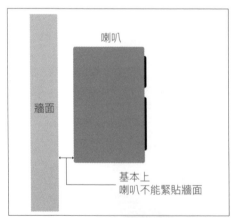

▲圖⑤ 喇叭後方和牆壁之間要盡量保持距離。至於適當距離是多少，則會因為使用的喇叭機型以及房間狀況而不同，有些喇叭的說明書上會記載應保持的適當距離

▼圖⑥ 當喇叭和牆壁保持距離還是無法改善監聽品質時，也可以加裝吸音材

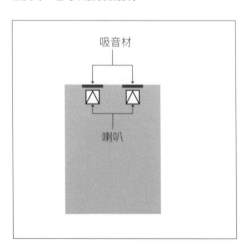

角，而兩者之間的距離通常還要考慮喇叭的尺寸，一般而言，相距50cm到1m左右較有利於監聽（**圖⑧**）。這個部分同樣會受到周遭環境的影響，因此請當做調校的基準，最後要實際用耳朵確認並調整。由於左右兩支喇叭的方位角度太大時，會讓中央的聲音聽起來模糊不清，兩支喇叭相距太遠時則會干擾聲音定位，所以要仔細聆聽比較。

挑選產品時的重點

　　近年來，音樂製作專用的監聽喇叭是以內建擴大機（amplifier）的主動式喇叭（active speaker ／ powered speaker）為主流。這類喇叭不需另外考慮擴大機的搭配，對初學者來說算是容易入手的類型。

　　而小型監聽喇叭方面，在同一喇叭單體中，負責低音到中音的低音單體在下、負責高音的高音單體在上的二音路喇叭（two-way ／ 2 way）較為常見。不過，近幾年在錄音室經常可見高音單體和低音單體在同水平高度的同軸喇叭（coaxial speaker）。每一種類型都各有特色，請多加比較看看。

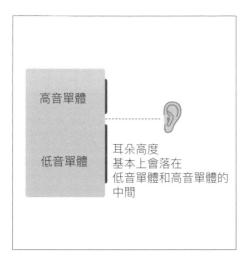

▲圖⑦ 喇叭和耳朵的相對位置。基本上會將喇叭中的高音單體和低音單體的界線對準耳朵的高度。之後可再微調。這時，可將基準放在低音到高音聽起來都自然流暢的高度

▼圖⑧ 小型喇叭的聆聽位置

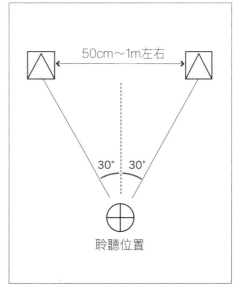

chapter 04 準確設定音訊格式的方法

認識數位音訊

取樣頻率與位元

本書中利用 DAW 處理的聲音自始至終都是數位訊號。因此，一定要正確理解數位音訊的標準規格「取樣頻率（sampling rate）及位元（bit）」。取樣頻率是指一秒內所記錄到的聲音次數的單位，位元則是記錄到的每一個資料的動態解析度。舉例來說，CD 的取樣頻率為 44.1kHz，表示是在一秒內將聲音分割成 44,110 次來記錄。而 16 bits 則是將聲音的大小分成 2 的 16 次方，也就是 65,536 個刻度來記錄。在音樂製作上，有時也會以更大的數值，如：24 bits ／ 96kHz 來處理數位音訊，理論上取樣數值愈大，音質也更為圓滑自然（**圖①**）。

那麼，母帶後期處理對應的取樣頻率和位元數是多少呢？基本上，只要和錄音、混音時的設定相同即可。專業級音樂製作的作業規格大多落在位元數 24bits、取樣頻率 48kHz 以上，最近也有不少人選擇 96kHz，甚至更高。或許有些人會認為，反正最後都要做成 CD 或 MP3，有必要採用這種高位元／高取樣

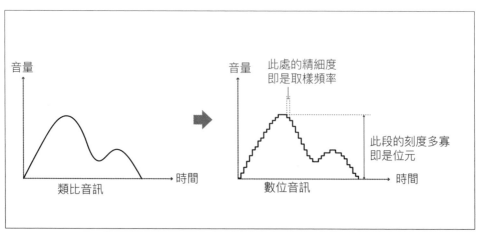

▲**圖①** 取樣頻率與位元的概念圖

頻率（意指數值大）的規格嗎？其實，音樂製作大多會盡量以能夠自然細膩地表現出聲音質感為基準來設定數值，然後也盡可能將做好的音質原封不動降轉至 CD 等媒體的取樣頻率和位元數（down sampling）（**圖②**）。當然，16 bits ／44.1kHz 本身就適用於母帶後期處理。另外，提高位元數和取樣頻率會使檔案變大，占用電腦資源，這點也要留意。

音檔格式的種類

音檔有各式各樣的格式，而一般音樂製作是以無壓縮的 WAV 檔較為常見。使用同樣是無壓縮格式的 AIFF 檔也沒問題。此外，MP3 或 AAC 等壓縮檔的音質本身就與壓縮前的不同，因此不會用於音樂製作上。請將這些壓縮檔視為音樂在媒體上播放時的最終格式。

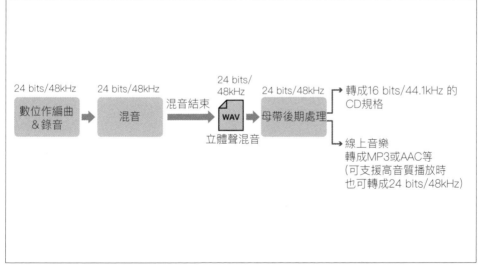

▲圖② 母帶後期處理工程一例。基本上，高音質會維持到母帶後期處理為止，到了母帶後期處理的最終階段才會配合播放媒體轉換音檔格式

培養對頻率的敏感度，成功掌握聲音的平衡表現

聲音中有各式各樣的頻率

人耳的聽力範圍為 20Hz ～ 20kHz

對母帶後期處理而言，是否具備頻率的敏感度相當重要。工程師可以判斷所聽到的聲音是幾 Hz，是從經驗中培養出來的能力，因此對初學者來說應該很困難。不過，下面將介紹一些用感覺來增進敏感度的方法。

首先，一般而言人耳的聽力範圍介於 20Hz ～ 20kHz 之間。不過，會隨個人狀況而異，而且年紀愈大，也會漸漸愈聽不到高音。總之，音樂製作會處理到的頻率範圍大多落在 20Hz ～ 20kHz 之間，這點請記住。

將聲音分成三個頻段來思考

接著，要學著習慣將 20Hz ～ 20kHz 這段範圍簡略分成低頻、中頻、高頻三個頻段。平常聽到聲音時，也要留意低頻在聲音中占有多少比例，然後中頻和高頻的情況又是如何。

具體而言，低頻、中頻、高頻是指幾 Hz 呢？當然這種分法沒有明文規定，不過通常是以下列的方式做為區分。本書中的低頻、中頻、高頻大致上也

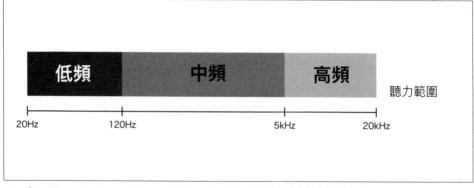

▲圖① 低頻、中頻、高頻沒有明確的定義，但為了方便說明，本書以圖中的方式來區分

下載素材

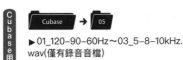
Cubase用
Cubase → 05
▶01_120-90-60Hz～03_5-8-10kHz.wav(僅有錄音音檔)

其他DAW用
Other_DAW → 05
▶01_120-90-60Hz～03_5-8-10kHz.wav

是以這個分法來進行解說（圖①）。

●低頻→約在 120Hz 以下（01_120-90-60Hz.wav）

●中頻→ 120Hz ～ 5kHz（02_300Hz-1-3kHz.wav）

●高頻→約在 5kHz 以上（03_5-8-10kHz.wav）

　　為了方便各位感受每個頻段的聲音，上述的素材檔是特地使用正弦波（sine wave）聲音來表現低／中／高各頻段中的三種頻率。檔案中收錄了極低的低音以及極高的高音，因為怕傷及各位的聽力和喇叭，所以已經事先降低收錄的音量，不過慎重起見，播放前請先將音量調小。

　　總結來說，不管平時是否有注意到，樂器和人聲（vocal）就如前面所說，含有各式各樣的頻率。聲音聽起來很高的腳踏鈸（hi-hat）也有低頻的成分（畫面①），而聲音感覺很低的大鼓聲（kick drum ／ bass drum）中也有許多中頻（畫面②）。要分辨出這些聲音，平時就要注重聆聽聲音的方式。例如，當聽到兩種聲音時，就要留意哪個聲音的高頻成分（或中頻、低頻）比較多。只要不斷地訓練耳朵判斷頻率高低的相對關係，就「愈能看出」頻率的平衡表現。

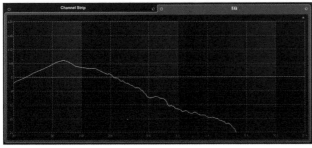

◀畫面① 腳踏鈸在用以顯示各頻率的音量大小的聲音頻譜(spec-trum) 中所呈現的頻率分布狀態。可以看出其中包含了中頻與低頻附近的頻率

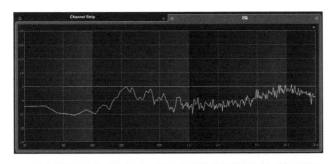

◀畫面② 此為大鼓的聲音頻譜圖。可以看到其中不只有低頻，中頻附近的聲音也包含在內

頻率特訓①～高頻篇

高頻要利用聲音定位整合

這裡開始要來實際體驗高頻的聲音。請播放下載素材中的腳踏鈸（04_hihat. wav）與沙鈴（05_shaker.wav）音檔。兩個聲音的高頻成分聽起來是不是都比較多。各位對兩者的頻率平衡會有什麼樣的印象呢？

答案在此。**畫面①**和**②**分別是兩者的頻率分布，可知沙鈴的頻率組成是以高頻居多。另一方面，腳踏鈸的頻率組成中包含了低頻和中頻等各種頻率。當這兩個聲音同時以大約相同的音量播放時，會發生什麼樣的狀況呢？正是 06_hihat ＋ shaker.wav，會發現沙鈴完全被腳踏鈸的聲音蓋住了。這是因為腳踏鈸的頻率分布非常廣泛，所以才會產生沙鈴被吞噬的感覺。解決這個問題的方法大致分為兩種。

①調低腳踏鈸的音量（07_hihat_vol_down.wav）

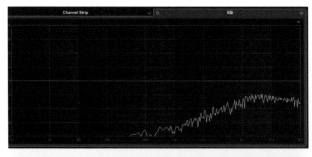

◀畫面① 沙鈴的聲音頻譜。頻率組成以高頻為主

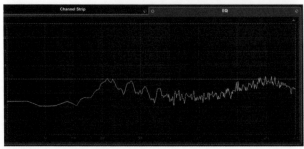

◀畫面② 腳踏鈸的聲音頻譜。頻率範圍擴及中頻和低頻

下載素材

▶ 04_hihat.wav～08_panning.wav
（僅有錄音音檔）

▶ 04_hihat.wav～08_panning.wav

②將兩者的聲音定位成一左一右（08_panning.wav）

①是相較消極的做法，基本上會先以②的做法為主展現兩者的優勢（**圖①**）。chapter 01 中也曾提到，即使擁有相同能量，高頻的聲音還是比中頻小聲。因此，採用①的做法時會降低高頻的能量，有時候會使聲音失去穿透力。然而，若將聲音分別定位（panning）在左右兩個聲道，便會產生空間感，如此一來就能在高頻的音量感維持不變的狀態下清楚聽見兩者聲音了。此外，透過定位來處理聲音的平衡表現還有一個好處，就是可以做出空間感遼闊的聲音。

要謹慎使用 EQ

或許有人會認為高頻太吵或礙眼時，可以用 EQ 整個修掉。可是，高頻是展現聲音穿透力的重要頻段，EQ 若是處理不當，可能連營造空間的重要成分都會不小心刪掉。混音階段已經是沒有穿透力的聲音，卻以為母帶後期處理總有辦法補救，但大多數的情況都顯示，此時無論再怎麼拼命調整高頻，也無法解決問題。想讓母帶後期處理階段盡可能表現聲音的穿透力，混音時就要重視高頻的處理。

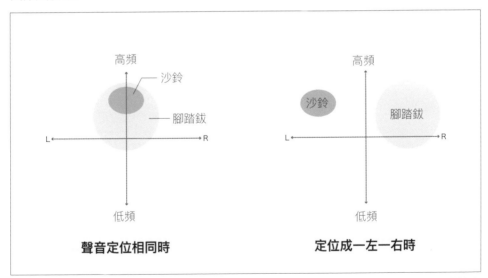

▲圖① 沙鈴與腳踏鈸如果定位在相同位置上，沙鈴的聲音就會完全融入腳踏鈸的頻率分布中而被蓋過。因此可將兩個聲音定位成一左一右，讓兩者的聲音都能清楚地被聽見

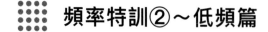

頻率特訓②～低頻篇

低頻基本上會定位在正中央

一般而言，聲音愈低，指向性也愈容易消失。換句話說，會變得難以分辨聲音從哪個方向而來。請從距離喇叭稍微遠一點的地方，聆聽比較 09_low.wav 和 10_high.wav。可以聽見兩者聲音都在左右聲道移動，但低音的 09_low.wav 比高音的 10_high.wav 不明顯（**圖①**）。

接著，請用耳機聽聽看 09_low.wav。由於耳機裡的聲音會直接進到左右兩耳，若將平常不太感受到定位的低頻聲，強行在耳機中定位的話，就容易察覺不對勁。例如，如果將 11_kick.wav 這類舞曲的大鼓定位在左聲道，聽起來是不是不太順？

也就是說，只要將低頻定位在正中央，樂曲表現也會變均衡（**圖②**）。但低頻素材太多也是問題。由於以高頻的方式將低頻定位在左右兩側的效果不佳，所以才會將所有聲音都定位在正中央，但這麼一來某些聲音必定聽不清楚。

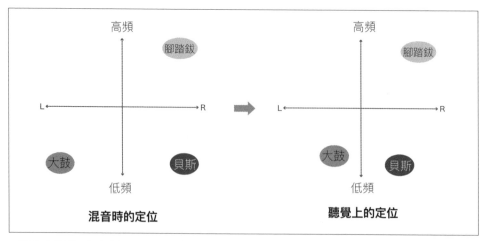

▲圖① 左圖是混音時的定位，右圖是該定位在聆聽上的感覺。腳踏鈸等富含高頻的部分在左右聲道都很清楚，可是大鼓或貝斯等低音的定位卻模糊不清。耳機中雖然聽得見低頻聲，但總覺得不太自然。此外，若是刻意讓大鼓或貝斯左右定位以表現樂曲的話，當然就沒問題

要解決上述問題，就必須對音量平衡進行調整或編排處理。也就是要先將節奏上適合重疊的聲音與不適合重疊的聲音整理出來，並決定聲音的優先順序，再調整音量平衡。另外，在製作樂曲時，不要過度增加低音的數量，也是一種做出好聲音的方法。

音色選擇也很重要

整合低音時，音量或音色的平衡表現也是重點。舉例來說，當必須整合大鼓和貝斯時，可以先從挑選音色開始，要選擇在正中央重疊也可以聽出優勢的音色（圖③）。在兩者的低頻比例都非常高的情況下，低音相較於中音來說，其能量就算與中音相同，也很難感受到音量，所以即便音量儀表顯示出大音量，聽起來也只是一首音量感不足的樂曲。這種混音方式很難在母帶後期處理時提高音壓。相反地，混音時若能將聲音平衡拿捏得恰到好處，低音聽起來會有一種悠揚感，所以大多可以做出音質圓潤飽滿的聲音。以上就是為什麼在整合低頻時，需要感受音量細微變化的原因。

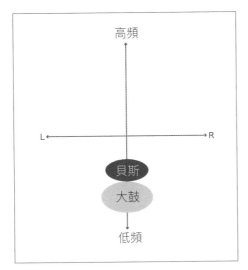

▲圖② 將低頻定位在正中央較容易取得平衡

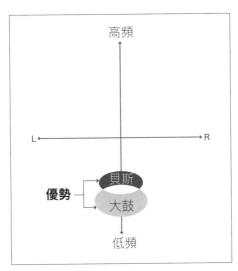

▲圖③ 同時有數個低音素材位於正中央時，若能在混音階段就先將各個素材的優勢表現出來，母帶後期處理也會比較容易調整

頻率特訓③～中頻篇

監聽音量很重要

除了人聲或鋼琴、吉他等，大鼓或腳踏鈸等樂器的聲音組成中也含有中頻。可以說組成音樂的聲音素材大多集中在中頻這個頻段上。雖然需要花時間整合，但中頻的聲音已經糊成一團的話，到了母帶後期處理也無法收拾殘局。

首先要注意中頻各素材在音高上的差別。例如，當人聲和鋼琴相衝時，如果大膽地將鋼琴提高一個八度演奏，就有可能順利整合。另外，和高頻一樣將聲音左右定位也是有效的方法，不過，除了特殊情況以外，定位角度盡量不要大於高頻，這樣聲音才會比較自然（**圖①**）。

此外，在中頻的混音工程上，把監聽音量調大或調小有時候也會有不錯的效果。當然，最理想的狀態是不管聆聽時的音量是大是小，音量的平衡表現都能保持一致，不過基本上音量一旦提高，低頻就會更鮮明。相反地，如果把音量調低，低頻的存在感也會降低，而使中頻愈加醒目。請將 12_loud.wav 和 13_

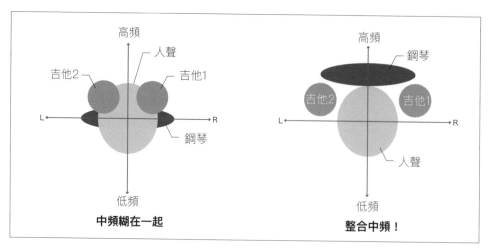

▲圖① 中頻的整合範例。此例中，人聲和鋼琴的頻率範圍完全重疊在一起，故將鋼琴提高一個八度以解決問題。而吉他也和人聲重疊，因此將吉他定位在左右聲道的外側。不過，定位角度要比高頻小，聲音才會比較自然

下載素材

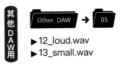

Cubase用

Cubase → 05

▶12_loud.wav
▶13_small.wav（僅有錄音音檔）

其他DAW用

Other_DAW → 05

▶12_loud.wav
▶13_small.wav

small.wav 的音量推桿推到相同高度，聆聽比較一下。兩者的混音平衡雖然一致，但音量不同，因此中頻聽起來應該會不太一樣（**圖②**）。這種變化會隨著監聽環境的不同而有所差異，混音前最好先了解頻率在聽覺上的變化，可以利用監聽耳機確認。

　　總之，混音工程很難一步到位。請在各種監聽環境中檢視聲音的狀況，並細心調整音量的平衡表現。

決定主要的聲音素材

　　不知道該如何調整平衡表現時，不妨先將重心擺在樂曲的主要聲部上。例如，假設人聲是重點，監聽音量就不宜太大，並且只將重心擺在中頻的部分，一邊留意中音聲部和人聲的平衡表現，一邊混音。接著，當平衡表現確定到某種程度之後，在中音聲部維持不動的狀態下，再調整低頻和高頻的平衡表現。這時就可以上下調節音量，或利用耳機監聽效果。這裡的祕訣在於中頻的平衡表現都要維持一致。如此一來，母帶後期處理也會更好操作。

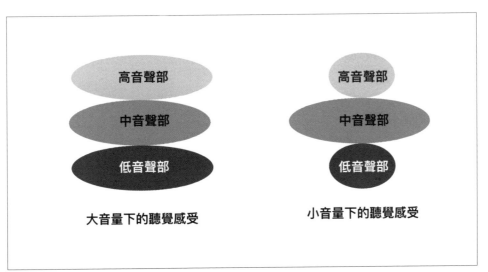

▲圖② 不同的監聽音量導致聽覺上產生變化的範例。在音量小的狀態下，高頻和低頻聽起來往往比較小聲。而這點也隨著喇叭的不同而有差異，因此混音時要盡量讓預設的平衡表現在任何喇叭裝置上、以及任何音量下都能維持一致，母帶後期處理也會變得容易進行

06 培養音壓敏感度，做出動態表現豐富的音樂

⠿ 以壓縮器的概念來「提高音壓」

音壓、音壓位準、音量

　　聲音本來就是由大氣壓力的變化所產生。這種變化的強度單位以音壓（單位：Pa〔Pascal〕）表示。另外，配合人類的聽覺特性來表示音壓大小的單位為音壓位準[譯注1]（單位：分貝，dB〔decibel〕），用法上會和「音壓」有所區隔。而「音量」則是用來表示人類感受到的聲音大小，單位為 phon[譯注2]。從學術上來說，「音壓」、「音壓位準」、「音量」這三者指的是不同的東西。

　　不過，在音樂製作中，「音壓」、「音壓位準」、「音量」都是用來表示聲音大小，用法上大多沒有嚴格區分。尤其，在 chpater 01 中提到「響度戰爭」時所使用的「音壓」一詞，幾乎都是表示「一首歌的聲音大小」。因此才會以「音壓很高」來形容整體音量都很大的樂曲。本書使用「音壓」一詞時，如果沒有特別說明的話，就是指樂曲整體的聲音大小。

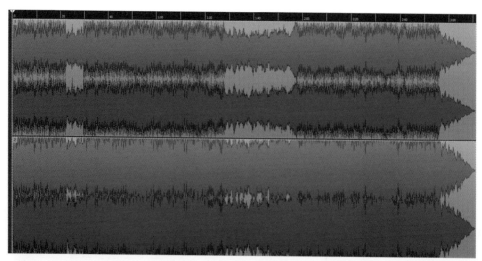

▲畫面① 這是將同一首曲子在不同音壓的狀態下並列檢視的畫面。若從峰值表（Peak Meter）顯示的最大值來看，兩者的音量完全相同，可是下方波形的整體音量都比上方大，因此波形的振幅始終很大。這即是提高音壓後的狀態。聽覺上也是下方的狀態比較大聲

　　進入正題，這種「聲音始終很大聲的狀態」=「音壓很高的樂曲」，可以運用壓縮器（compressor）的概念做出來。若將樂曲中較大聲的部分控制在某個音量大小，然後按照控制的比例提高整體音量，就能做出整首音壓都處於高音壓狀態的樂曲。而且隨著數位科技的進步，使得這種技術也比類比時代容易操作（**畫面①**）。而數位器材會以 0dBFS（decibel relative to full scale）來表示該機器可處理的音量最大值，換句話說，音壓高的樂曲就是在 0dBFS 這個箱子裡把聲音塞得滿滿的狀態（此外，0dBFS 的具體數值會隨器材與設定而異）。

　　但是，以壓縮器的概念來提高音壓時，動態範圍（=聲音大小的差距）就會縮小（**畫面②**）。如同在 chpater01 中提到，這在音樂上會導致不太樂見的結果。尤其是古典音樂，通常動態空間愈大，聲音往往愈好，因此幾乎不會加掛壓縮器。用同一台隨身聽聆聽流行樂和古典樂的讀者，應該也會注意到兩者在音壓上的落差有多大了。

　　如此看來，音壓調節的重點依然是「平衡表現」。本書將把調節音壓的焦點擺在如何做出合乎樂曲風格的動態表現上。

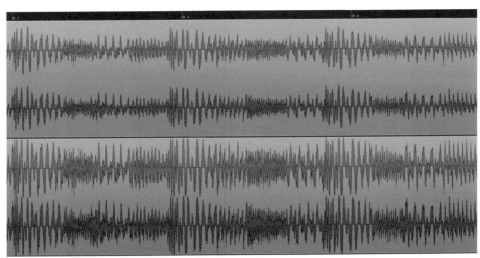

▲**畫面②** 上下兩條波形是將畫面①局部放大後的片段。下方的波形因為音壓提高造成動態範圍變小，因而失去高低起伏

譯注 1 **音壓位準**：Sound Pressure Level，常以 Lp 或 SPL 表示，又稱聲音壓力位準或噪音音壓級。
譯注 2 **phon**：即聲音響度的單位。相對於物理性的「分貝（dB）」，phon 屬於心理性的音量單位。

善用RMS表

兩種音量儀表

　　音壓除了靠耳朵判斷之外，調節時一面檢視音量儀表也很重要。通常 DAW 中可以檢視音量的儀表有峰值表（Peak Meter）和 RMS 表（RMS Meter）兩種。配備在 DAW 各音軌和主音軌（Master Channel）中的儀表則以峰值表居多。這種儀表能顯示波形的最大值，對聲音的反應速度也很快，適合用於隨時監測狀況，以防止聲音因超過 0dBFS 而破音失真（clipping）。然而，由於人耳對於瞬間的大音量敏感度不高，因此有時候非得到峰值表頭瞬間滿格時，才有可能感覺到聲音很大聲。而這也是它之所以能有效監測破音的原因，但不適合用來監測所謂的音壓。

　　為了更貼近人類感受音量變化的反應，RMS(有時亦做 VU 表[譯注])便應運而生。這種儀表並非如峰值表那樣顯示最大值，而是顯示聲音強度的變化，也就是音壓變化（**畫面①**）。

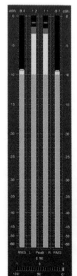

◀畫面① 中間兩條為峰值表，左右兩條為RMS表。兩者皆顯示出同一時間點的音量。其中峰值表的表頭指到–1.5dB處，RMS表卻只到–10dB。這是因為峰值表顯示的是瞬間最大值，而RMS則是以貼近人耳感受音壓的方式來顯示音量的先後變化

◀畫面② 在Cubase Pro 8.5的混音控台 (Mix Console) 項目所配備的音量儀表中，峰值和RMS兩者都有

　　有些 DAW 軟體可以切換峰值表和 RMS 表的顯示畫面，有些則是將 RMS 表附在內建的外掛式效果器（plug-ins）中，請確認一下自己的是哪一種（**畫面②**）。順帶一提，筆者經常使用 UNIVERSAL AUDIO 的 UAD 系列專用的外掛式效果器「Precision Limiter」裡的 RMS 表，以及 RME 的錄音介面內建的 DIGICheck 等，都非常清楚好懂。

調節的基準為 –10dB

　　若是使用外掛式的 RMS 表時，要直接插在（insert）DAW 的主輸出（Master Output）音軌上。同時掛載多個外掛式效果器時，請插在最後一個插槽（slot）上（**畫面③**）。接下來是關鍵步驟，在母帶後期處理調整最終音壓時，讓儀表表頭跑到 -10dB 附近的話，就能在不破壞動態表現的情況下補足音壓（**畫面④**）。當然，這也會隨著曲風或聲音素材數量等因素而改變，因此可當做基準就好。但是，表頭一旦超過 -6dB 時，波形就會變成一片漆黑，這樣就可能會失去動態表現。RMS 表的具體使用方式會在 PART 3（P119）中進一步說明。

◀畫面③ RMS 要直接掛載在主輸出的音軌上。同時使用多個外掛式效果器時，要插在最後一個插槽上。圖片中是將 UNIVERSAL AUDIO Precision Limiter 掛在 Cubase 的主音軌中做為 RMS 表使用時的狀態

▲畫面④ 調整音壓時，基本上會讓 RMS 表頭跑到 –10dB 附近

譯注 **VU 表**：Volume Unit Meter，音量單位儀表。

用身體感受音壓的作用機制

等響度曲線

　　前面已多次提到人耳的聽覺特性，而了解人類的聽覺特性在音壓調節上也很重要。請看**圖①**。這是等響度曲線（equal loudness contour）圖，是各頻率在人耳的聲音響度（phon），實際上要有多少分貝（dB）的音壓位準，聽起來才會「一樣大聲」的測量結果。也就是能顯示出人耳對各頻率的敏感度。

　　從圖可知低頻和高頻的曲線弧度呈現上揚的狀態。換句話說，人耳對低頻和高頻的敏感度比中頻低，這點在 chapter 01 和 chapter 05 也已經說過。另外，請看 20 phon 的部分。這條曲線的響度很小，低頻的弧度比其他曲線都大。這表示當音量小時，人耳對低頻的敏感度會更低。換句話說，音壓愈小，愈容易喪失低音感。如此一來，也會覺得頻率範圍變小，有時候甚至會產生「聲音很差」的印象。

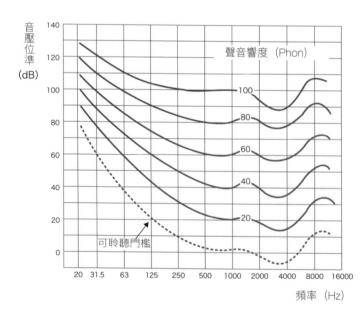

◀圖① 顯示人耳的聽覺特性的等響度曲線。這是將聽覺上音量大小相同的音壓位準在不同頻率上的表現製成圖表。低頻和高頻的曲線弧度呈上揚，表示聲音「不容易聽見」。而響度小的曲線弧度較大，則表示聲音響度愈小，也愈不容易聽到低頻和高頻

下載素材

Cubase用

Cubase → 06

▶ 01_low_spl.wav
▶ 02_high_spl.wav
（僅有錄音音檔）

其他 DAW 用

Other_DAW → 06

▶ 01_low_spl.wav
▶ 02_high_spl.wav

不過，3kHz 附近不論響度多大，弧度都是往下掉，可知人耳對中頻的敏感度較高。高頻雖然不及低頻明顯，但也是響度愈小，弧度愈大，聽覺敏感度呈現下降的狀態。

此研究是以純音（pure tone），也就是以正弦波（sine wave）實驗得出的結論，因此也有人認為這不一定就能套用在音樂上。不過，針對音壓提高後，高音和低音會聽得比較清楚一說，就筆者的經驗也的確如此，因此這個曲線圖還是相當值得參考。

聆聽比較音壓

那麼，請將 01_low_spl.wav 和 02_high_spl.wav 的音量推桿推到相同高度，並且以較小的監聽音量來聆聽比較看看（**畫面①**）。02_high_spl.wav 的聲音是不是聽起來比較好呢？不過，如果將 01_low_spl.wav 的音量加大的話，聽起來又是如何呢？雖然也會牽涉個人喜好，但是絕對不是不好的聲音。另外，如果將 02_high_spl.wav 的音量提高，也許有人會覺得聽起來很吵。這就是音壓感和頻率之間的關係，很難定論哪個聲音好。總之，以合乎樂曲風格的方式來調整音壓是絕對必要。

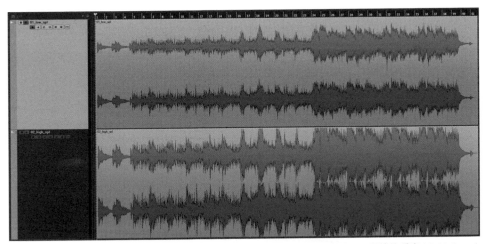

▲畫面① 上方為 01_low_spl.wav 的波形，下方是 02_high_spl.wav 的波形。一眼就能看出 02_high_spl.wav 有提高音壓。然而，若將 01_low_spl.wav 的音量慢慢加大，應該會有人覺得這首的平衡表現其實比較好

◉ COLUMN

音壓參考作品①

《仲夏夜之夢》
(In Between Dreams)
傑克·強森

《Chickenfoot同名專輯》
(Chickenfoot)
大咖樂團

●木吉他類型的典範

音樂知名度已無需說明的傑克·強森(Jack Johnson)的暢銷代表作。除了音質佳以外，音壓的平衡表現也非常優異。從RMS表可知專輯的音壓控制在-10dB左右，放到高音壓的音樂中聆聽，也不會覺得音壓太低，從低音到高音的混音平衡都很出色。木吉他風格的表現相當鮮明，可說是木吉他音樂作品的參考範本。

●音壓高且聲音清晰立體的搖滾音色

由搖滾吉他大師喬·沙翠亞尼(Joe Satriani)、范海倫合唱團(Van Halen)前主唱山米·海格(Sammy Hagar)、貝斯手麥可·安東尼(Michael Anthony)以及嗆辣紅椒合唱團(Red Hot Chili Peppers)的鼓手查德·史密斯(Chad Smith)等四位夢幻團員所組成的搖滾天團。此作品的混音與母帶後期處理堪稱美式搖滾的典範，音壓控制在RMS值-8dB附近，略微偏高卻不會感覺太滿，聲音十分清晰立體，為現代搖滾音色的參考之作。

PART **2**

為了做好母帶後期處理的混音技巧

本章將針對如何讓母帶後期處理做到最好的混音技巧進行解說。在家作業的好處就是隨時可以回到混音階段重新調整。當母帶後期處理陷入僵局時，PART 2 可以幫助各位找出問題。下載素材則準備了混音專用的 Cubase 專案檔與錄音音檔。不過，在多重音軌的狀態下進行混音可能會錯失重點，因此混音時大多已經先將音軌分組處理（P64）。

▶針對Cubase用戶
檔名有「sozai」的專案檔是僅會列出各素材的音檔。混音時請參考本文解說實際操作看看。檔名有「kansei」的音檔是筆者的混音範例，用做「立體聲混音的參考素材」。音量推桿的操作與效果器的設定等可參照此檔。

chapter 07　重新審視混音工程的評估重點

依樂曲的方向性分成四種類型

混音無正解？

　　我們已經知道好的混音能提升母帶後期處理的成效，然而每一首樂曲在音樂上的方向性或想要表現的內容都不盡相同。因此，何謂「好的混音」？並沒有絕對的正確解答，這點的確也是事實。為了盡量顧及更多樂曲風格，PART 2 會將樂曲的方向性大略分成下列四種類型，並依序介紹各類型的混音技巧。

　　①**人聲類型**（P66：chapter 08）
　　②**舞曲類的電子樂類型**（P76：chapter 09）
　　③**原聲類型**（P86：chapter 10）
　　④**無人聲類型**（P94：chapter 11）

　　有些人可能會覺得「①④和②③的分法不太對吧」，不過這樣分類是希望樂曲中有人聲的樂團可以參照①和③；無人聲的電子舞曲則參照②和④。因此

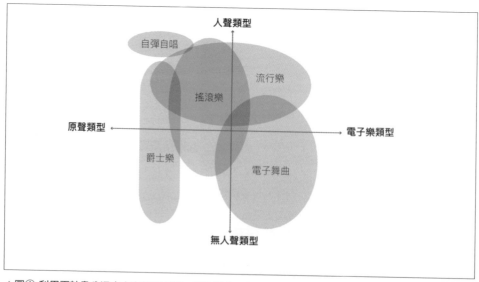

▲圖① 利用兩軸畫分混音方向的示意圖。請檢視自己的樂曲屬於哪個類型，參照 chapter 08～11 操作

不妨先利用**圖①**來思考看看自己的樂曲屬於哪個類型，也給自己一次重新審視樂曲的機會。

掌握混音陷阱

接著要複習一下 PART 1 的內容，先來看四個類型相通的混音陷阱。首先，如同 chapter 02（P18）也說明過，聲音素材的數量愈多，平衡表現也會愈難拿捏，而且更難在母帶後期處理階段提高音壓。這種狀況在低頻沒有處理好的樂曲中尤其常見。只要回過頭看 chapter 05（P40）就能明白，由於低頻一般不會左右定位，因此聲音素材大多聚集在正中央。而且人耳對低頻的敏感度低，因此往往會下意識將音量拉高。這樣的後果就是峰值表（Peak Meter）的表頭雖然看起來到位，卻感覺不到音壓感。

而且，音壓提高會讓中頻比低頻及高頻更加凸出，這與 chapter 06（P52）的等響度曲線圖所顯示的結論相同。可利用**圖②**來想像一下。

接下來將以上述內容為依據，針對音量平衡的掌握方式及定位上的基礎知識進行解說。

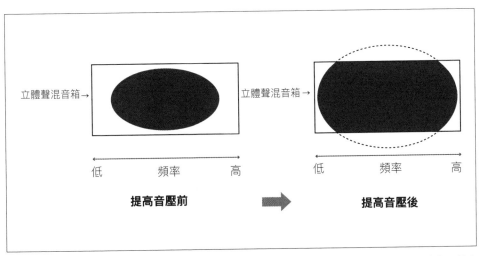

▲圖② 左邊是音壓低時的概念圖，右邊是在母帶後期處理提高音壓後的概念圖。音壓提高後會有一種高音到低音都能廣泛聽到的感覺，但也有可能出現因中頻太滿導致聲音聽起來太吵的情形

頻率平衡表現和定位基礎知識

中頻的注意事項

　　為了避免落入前面說的「陷阱」中，接下來將介紹基本注意事項。混音工程上有一點尤其重要，請記住混音時就要設想到母帶後期處理會讓頻率的平衡表現產生何種變化。在 chapter 05（P40）中已分別針對低頻、中頻、高頻進行解說，這裡則要綜觀所有頻段的情形，試想如何在混音上取得平衡。

　　首先，由於提高中頻的音壓容易讓中頻凸出，所以如果確定要在母帶後期處理階段提高音壓的話，混音時適可而止即可。舉例來說，由於人聲的中頻比例高，因此打算在混音時以人聲為主取得最佳平衡，但在母帶後期處理階段將音壓提高之後，有時卻只有人聲的感覺比預期大聲。雖然歌曲類型多少有別，不過混音時先讓人聲感覺上「好像有點弱？」的話，大多都能在母帶後期處理階段獲得正面的效果。

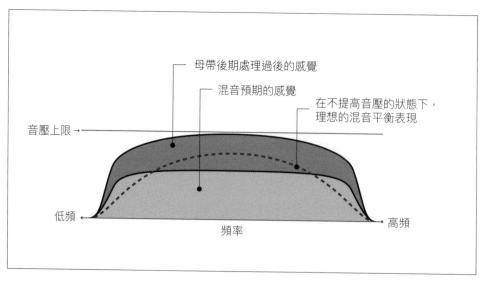

▲圖① 混音上理想的頻率和音壓平衡示意圖。混音時要預先評估在母帶後期處理階段提高音壓的情況

低頻和高頻的部分

接下來是低頻的部分，這也是最需要小心處理的頻段。例如，鋼琴的低頻容易和鼓組或貝斯相衝，所以不少人在混音時會選擇以等化器（equalizer，EQ）修掉低頻，不過基本上建議不要修得太乾淨。修掉低頻的確能營造清爽感，但鋼琴等樂器的低頻也富含泛音（harmonics／overtone），提高該頻段的音壓讓此頻段更加鮮明，就能在空間上或聲音上表現出豐盈飽滿的質感。而刪掉的資訊無法補救回來，因此修掉低頻時要謹慎行事。

高頻的部分則如同在 chapter 06（P48）中提到，基本上會以左右定位來解決樂器間彼此相衝的問題。

綜合上述的說明，頻率平衡表現和定位上的觀點可參考**圖①**和**圖②**的示意圖。如圖所示，混音時低頻和高頻要充分展現音壓感，中頻則要稍微控制。不過，樂曲表現上有特殊目的的話則另當別論。在思考混音的概念時，別忘了「混音無正解」這一點。

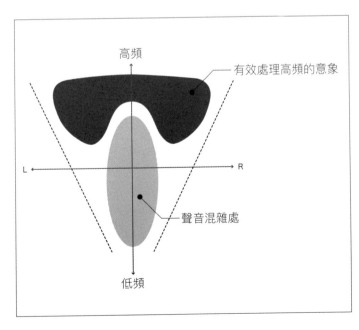

▶ 高頻

── 有效處理高頻的意象

L ◀──────────────▶ R

── 聲音混雜處

低頻

◀**圖②** 定位的基礎概念。高頻以左右定位的方式演繹寬闊感，同時要處理各樂器彼此相衝的狀況；中頻和低頻基本上若以「V形配置」定位在接近中央的位置，就能打造出自然的平衡表現。如何依照頻率的特性來調整低頻和中頻各素材將是接下來的關鍵

以音量推桿調整平衡的重要性

混音要從音量調節開始著手

本書到目前已多次提及的頻率平衡表現，或許會讓人以為「是不是用 EQ 來調整？」。然而，事實上在調整各樂器的音量時，很多時候也會利用「音量推桿（fader）」。因此，混音時在操作等化器（EQ）或壓縮器之前，要先運用推桿確實調整音量的平衡表現。如果還是有問題，不妨試試下列方法。

①調整平衡表現時若遇到不知道該如何處理的素材，首要工作就是先決定聲音素材的優先順序。然後將順序優先的素材推大一點，其他素材則調小取得平衡。

②接著，將監聽音量調小檢視聲音的狀況。理論上此時的聲音聽起來的變化相當大。如果音量小的聲音素材聽不太清楚，可以將該素材稍微推大一點。

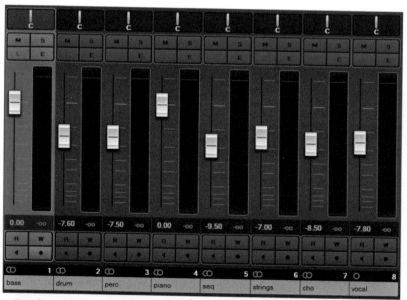

▲畫面① 小音量時，先以聽覺上 2dB 左右的大小來微調。這是在 Cubase 的混音控台上調整平衡時的畫面

或者音量小的素材聽得到但音量大的素材太凸出時，可將音量大的素材調小聲。這時，請先回憶 chapter 05（P40）或 chapter 06（P48）中說明過的各頻段和音壓位準之間的關係，然後一面調整。另外，調整的音量大小會隨聲音素材而有所不同，不過可以從 -10 ～ -5dB 前後著手調整看看（**畫面①**）。

③將監聽音量調回原先的狀態再檢視一次。若此處的平衡表現聽起來和方法①的差別不大，表示平衡表現拿捏恰當。還是覺得不太滿意的話，可將監聽音量調小重新調整平衡。反覆進行這項作業，就能從推桿操作上體驗到 1dB 或更小的微妙差距，在監聽音量大與監聽音量小的情況下會產生多大的差異。此外，在監聽音量小的狀態下操作才能時時保持客觀性。運用上述方法還是無法順利做出理想的平衡表現時，就是 EQ 上場的時機。不過，操作 EQ 時也要將監聽音量調大調小，來確認聲音的狀況。

多加利用監聽耳機

想要提升以推桿調整音量平衡的精準度時，除了監聽喇叭以外，也要善用監聽耳機。若以兩種音量大小的監聽喇叭以及兩種音量大小的監聽耳機來檢視聲音，就能在四種環境中仔細確認狀況。若條件允許的話，最好準備兩組以上的監聽喇叭，使用多組喇叭會讓聲音更好整合。

運用空間深度來表現平衡

不論用推桿或等化器（EQ）都無法做出理想的平衡表現時，在空間上做出深度有時候就能解決問題。這時就輪到殘響效果器（Reverb）登場。若將想要做出深度的聲音調小，然後殘響量加多一點，基本上沒有加殘響的聲音和有加殘響的聲音，就會出現一前一後的距離感。也就是做出所謂「ON」和「OFF」的聲音。「ON」是指直達音（direct sound），「OFF」則是反射音（殘響）多的聲音。加了殘響，聲音就會有「OFF」的感覺。不同聲音素材的加法也截然不同，不過殘響類型可選擇大廳效果（hall）或金屬片效果（plate），殘響時間（Reverb Time）設定在 0.5 ～ 2s 以內，通常就能獲得不錯的效果。當 V 形配置也無法妥善處理平衡表現時，請試試這個方法。

混音時的音壓設定

音壓落在 RMS 表的 –20dB ～ –15dB

　　若說最終的音壓是在母帶後期處理時調整，那麼「混音完成時的音壓應該調到什麼程度？」想必是許多人的煩惱。關於這點，雖然沒有明確的正確答案，不過簡單來說，音壓太小或太大都會提高母帶後期處理的難度。基本上，混音時會先將音壓設定到某個高度，然後預留一些操作空間給母帶後期處理。母帶後期處理時不只會使用限幅器（limiter）提高音壓，也會使用 EQ 來增幅（boost）聲音。如果混音時的音壓設得太高，母帶後期處理就無法再提高了。最慘的情況就是聲音破音失真。反過來說，如果硬要把低弱的音壓提高，恐怕會破壞混音的平衡表現。

　　筆著的做法是在混音時讓立體聲混音（stereo mix）的音壓落在 RMS 表頭的 -20dB ～ -15dB 左右（**畫面①**）。立體聲混音的波形如**畫面②**的感覺，只要看上去具有一定的音量，同時保有動態空間即可。此外，雖然曲風有別，但峰

◀**畫面①** 混音時會將音壓調整到加掛在主音軌上的RMS表頭能落在 –20dB ～ –15dB 附近

值表頭偶爾衝上 0dB 也沒關係。不過，當混音進行到某種程度時，請在主音軌（Master Channel）上插入（insert）限幅器，並將輸出（Output）設在 -0.1 dB，以防止破音（clipping）。

　　反之，如果立體聲混音的波形和畫面②下方的波形一樣太窄小時，音壓就會呈現低弱的狀態。此時，可將所有音軌的音量推桿按照相同比例推高，使 RMS 表頭調整到 -20dB ～ -15dB 左右。然而，有時候就算以相同比例推高推桿，聲音聽起來還是不太一樣，遇到這種情形時，請回到每一條音軌重新微調平衡表現。

要以身體來記住感覺

　　調整音壓時，剛開始都會參考音量儀表或波形的表現，不過最終還是得訓練自己要利用耳朵來確認狀態。如此反覆練習之後，就能讓身體記住適當的音壓是什麼感覺。此外，以相同音量監聽聲音也是很重要的習慣。不妨在音量鈕旁邊貼上膠帶標示位置。當然，以小音量監聽時也要記得標示。

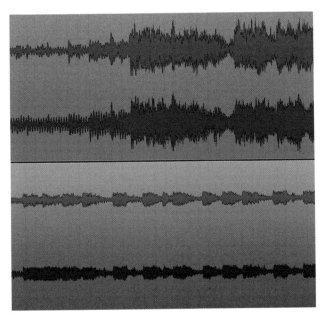

◀畫面② 上方是一般認為有利於母帶後處理的音壓波形範例。下方則是母帶後期處理時提高音壓可能造成平衡表現失衡的波形

分軌混音

將相近的素材分組混音

截至目前為止已經介紹了幾個混音基礎觀念，接著要來說明一個能讓母帶後期處理更好進行的有效混音方法。這就是先將音軌分組再混音的「分軌混音（stem mix）」。

分軌混音是先利用 AUX 音軌（輔助音軌）[譯注]或匯流排（BUS）將相近的聲音素材分組再進行混音。例如，可將大鼓、小鼓、腳踏鈸編成鼓組；打擊樂器類編成打擊樂器組；吉他類編成吉他組；鍵盤、合成器類的編成鍵盤組；和聲編成和聲組，然後再分別混音（**圖①**、**畫面①**）。將素材分軌混音除了讓混音作業更有效率，母帶後期處理遇到問題時也能及早處理。

舉例來說，當提高音壓導致平衡表現失衡時，通常都得返回混音階段重新

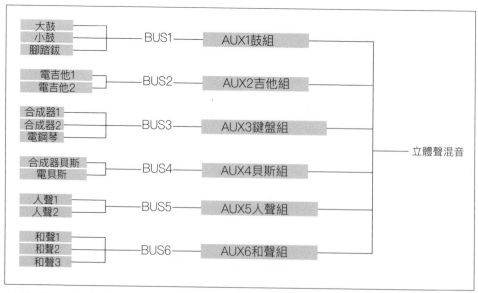

▲**圖① 分軌混音的概念圖**

調整。音軌數太多就會不知道該從何下手。這時若從分軌混音編組的平衡表現著手檢查，會比較容易找出問題。例如，覺得人聲和低音的比例不太對時，可以試著調整人聲組和鼓組或貝斯組之間的平衡。或是中頻沒有整合得很好時，可嘗試調整吉他組或鍵盤組的音量。然後，各編組內的平衡表現在必要時也要微調一下。使用此方法微調要盡可能避免破壞其他素材的平衡表現。

分軌混音的音軌已收錄在下載素材中！

在 chapter 08 ～ 11 的下載素材中備有分軌混音的音軌（有些是素材個別的音軌）。各位可以利用這些音軌來練習混音和母帶後期處理。同時期待各位能實際感受分軌混音的平衡表現會對母帶後期處理帶來什麼影響。另外，chapter 08 ～ 11 也會說明如何做出各音軌，在展開自己的混音作品時，也可做為參考。

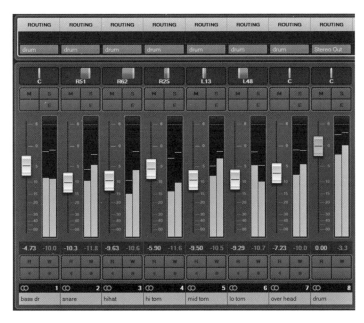

◀畫面① 在 Cubase 中製作鼓組的分軌混音範例。最右邊是已編成的鼓組的 AUX 音軌，左方則為鼓組各素材的音軌

譯注 **輔助音軌**：auxiliary track，一般簡稱為「AUX 音軌」。為音響器材中，除了正式的輸出和輸入端子以外的預備端子，用於需要另外操作音訊或將音軌分類統一調整時，例如：將大鼓、小鼓、腳踏鈸等整套鼓的音軌送到同一條 AUX 音軌中，就能一次調整整套鼓組的音量。

08 人聲類型的混音要點

混音概念：思考人聲和伴奏的平衡表現

人聲的表現方式千百種

　　人聲類型的混音自然要以人聲為主，不過如何在人聲和伴奏中求取平衡也是一大重點。如何思考兩者之間的平衡沒有正確答案，例如日本流行音樂的混音大多會確實將人聲放在前面，而日本以外的音樂卻經常是將人聲融入伴奏。無論如何，混音上的平衡表現必須包含母帶後期處理的觀點。因此，在進行混音之前，要先決定該如何表現人聲。

下載素材的注意事項

　　下列是以伴奏和人聲能融為一體為目標所準備的混音素材。為方便 Cubase 以外的用戶，錄音音檔已標上檔名。在 Cubase 專案檔方面，點開 DeepColors_sozai.cpr 即可看到一排底線後接有檔名的音軌（**畫面①**）。請參照已經完成混音的錄音音檔 DeepColors_2mix.wav，只運用音量推桿來處理混音平衡看看。同時也為 Cubase 用戶準備了混完音的專案檔 DeepColors_kansei.cpr。

〈參考用的立體聲混音音檔〉
● DeepColors_2mix.wav
〈混音素材〉
● 人聲：DeepColors_vocol.wav
● 鼓組：DeepColors_drum.wav
● 貝斯：DeepColors_bass.wav
● 打擊樂器：DeepColors_perc.wav
● 鋼琴：DeepColors_piano.wav
● 序列：DeepColors_seq.wav
● 弦樂：DeepColors_strings.wav
● 和聲：DeepColors_cho.wav

下載素材

C u b a s e 用

Cubase → 08

▶ DeepColors_sozai.cpr
▶ DeepColors_kansei.cpr

其他DAW用

Other_DAW → 08

▶ DeepColors_2mix.wav
▶ DeepColors_vocol.wav等其他八條混音
　素材音軌

　　混音素材中的人聲為單聲道（mono），其他則為立體聲（stereo）。各素材的音量感已經足夠，所以請先將所有音量推桿下拉至 -10dB 再開始作業。音量太大有可能會損壞喇叭。此外，記得先將參考用的立體聲混音音軌切成靜音（mute）（**畫面②**）。

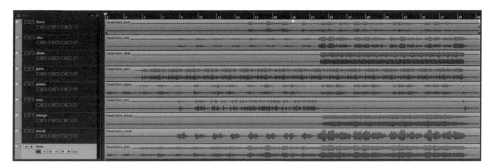

▲畫面① 在Cubase上的各聲音素材與立體聲混音音軌。立體聲混音音軌要先切成靜音

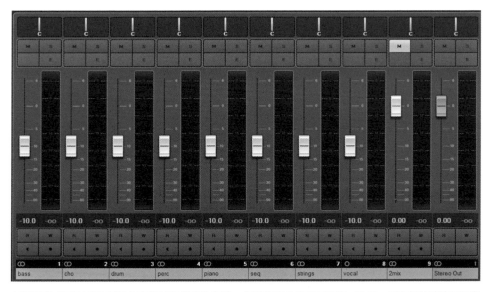

▲畫面② 各素材的音量推桿在開始混音前的位置。先將所有推桿都下拉到−10dB，以免播放時的瞬間音量過大

人聲類型的混音攻略

找出需要音量感的聲音素材

接下來要逐步解說筆者是如何調整各聲音素材的音量，做成立體聲混音的過程（Cubase 用戶亦可參照 DeepColors_kansei.cpr）。基本上，要先掌握樂曲的行進，然後按照素材在樂曲中出現的順序來處理。另外，立體聲混音的音量則要一邊監測掛載在主音軌（Master Channel）上的 RMS 表，將各素材的音量平衡控制在 -20dB ～ -15dB 左右。而參考用的立體聲混音音軌的音壓只以音量推桿（fader）調整，沒有使用限幅器（limiter）或音量最大化效果器（maximizer）等器材。因為音壓會留到母帶後期處理時再提高，所以沒有必要在這裡勉強提高音壓。

進入主題，這首樂曲是由鋼琴的前奏（intro）開場。這個鋼琴聲是用來支撐樂曲主歌（verse）到副歌（chorus）的和弦感，因此鋼琴要有一定的音量感。最終的平衡表現必須兼顧與人聲之間的平衡，但筆者已先將鋼琴的推桿上推到 0dB。

接在鋼琴之後的聲音素材是打擊樂器（percussion）。由於打擊樂器的拍子切分得較細，所以音量調太大的話會太吵雜。因此，顧及到和鋼琴之間的協調性，此處將打擊樂器設定在不至於吵雜的 -7.5dB。接著，和打擊樂器成對的是序列樂句（sequence）^{譯注}，自然而然帶入這種素材能替樂曲增添畫龍點睛的效果，所以推桿推到相對收斂的 -9.5dB。在上述這些素材之後加入的貝斯，則是撐起整首歌曲低音部分的重要素材，因此和鋼琴一樣強勢推到 0dB。

多做幾種立體聲混音也是一個好方法

剩下的聲音素材就是從副歌開始出現的鼓組（drums）和弦樂（strings），以及人聲。由於這些素材是加在已擁有音量感的鋼琴或貝斯等上，所以此處的作業要一面監測 RMS 表一面調整。

首先，為了清楚聽到鼓組的節拍，又不至於破壞整體平衡，此處會將鼓組音量設在 -7.6dB。接著，弦樂要在不干擾人聲的前提下全面融入樂曲中，所以調到 -7dB。目前調整的都是伴奏音軌，最後只剩下人聲與和聲（chorus）了。考慮到母帶後期處理時將音壓提高會使人聲的中頻因而擴張，所以將人聲音量設在稍微收斂的 -7.8dB。而和聲音量感要比人聲相對小一點，因此設為 -8.5dB。

以上是筆者為了讓人聲和伴奏彼此交融，同時又能清楚聽見歌曲所做出的混音作品（**畫面①**）。從結果來看，這首曲子的混音方向是以鋼琴的音量感為基準，再逐步調整和其他聲音素材之間的平衡表現。

人聲類型樂曲的混音工程中，尤其著重人聲和伴奏之間的平衡表現。筆者是依照自身經驗，先預設母帶後期處理時會遇到的狀況，而調得相對收斂一點，不過各位用自己的曲子練習時，也可以另外做幾個人聲調小一點的立體聲混音版本，效果也不錯。從平衡表現做得最好的開始，將人聲再調低 2dB，甚至調低 4dB，多做幾種立體聲混音版本，不但有利母帶後期處理時聆聽比較，也是一種培養平衡感的訓練。請務必練習看看。

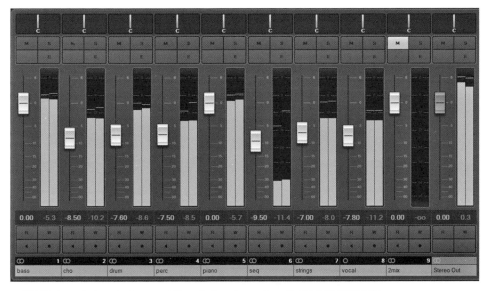

▲畫面① DeepColors_2mix.wav / DeepColors_kansei.cpr 的各素材的混音平衡

譯注 **序列樂句**：在此指以合成器做成的反覆重複的短樂句。

人聲類型的混音素材解說

人聲

　　這裡將針對各素材的內容進行解說。首先從人聲開始。錄人聲時，為了盡可能將動態範圍留大一點，會將麥克風前級（mic preamp）的音量調到快要破音的程度。此外，混音時則為了在主歌和副歌上做出抑揚頓挫，會在主歌部分加上殘響效果（Reverb）營造空間感，而副歌上則插入（insert）延遲效果器，並設成 189ms 來表現回音（echo）效果。

　　動態上的調整對人聲也很重要。雖然歌手的唱法都不同，但遇到歌聲大小差很多的情況時，如果將唱得大聲的部分當成音量調節的基準的話，歌聲變小時就會聽不清楚。因此必須在不會破壞樂曲表現的前提下整合動態表現。一般有兩種做法，一種是使用壓縮器（compressor），另一種是利用自動化調節功能（Automation）來處理。不想在音質上做出變化時，後者比較合適，不過壓縮器也有分成音色個性鮮明及沒那麼鮮明的機種，因此可視情況分開運用。另外，有些專業歌手也會自行調整麥克風的距離以保持動態平衡。而本次準備的人聲素材就是憑藉歌手錄音時的唱法來操控動態表現，然後在自動化模式中利用音量推桿來調整細節（**畫面①**）。

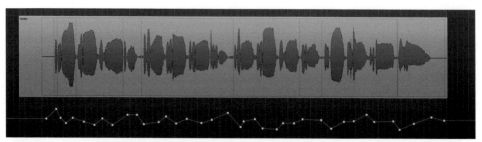

▲畫面① 在自動化模式中調整人聲動態表現時的畫面。調整時要細膩一點，以免扼殺人聲的表現能力

和聲

　　由於這首曲子的副歌和聲（chorus）中有許多高頻成分，因此算是一種能利用聲音定位來營造樂曲空間感的素材。具體做法是在左右聲道各放一條和主唱樂句相同的齊唱（unison）音軌。將這兩條齊唱音軌左右定位就會形成彷彿將主唱包覆在其中的優異效果（**畫面②**）。需要注意的是，不能因為是齊唱就直接挪用複製主唱的部分。同段樂句要分開唱完再疊加，才能創造出所謂的和聲效果。另外，空間的開闊程度可以利用和聲音量的大小來調節，可多加嘗試。

　　在和聲的做法上，筆者將主歌部分疊上比主唱低一個八度（octave）的和聲，來製造和主唱的對比，並且只在副歌最後加上低三個八度的和聲，讓副歌形象更加具體。

◀畫面② 和聲在副歌中的定位與音量調節。利用兩條齊唱音軌及兩條低三個八度的和聲音軌來演繹空間感（共四調音軌）

鋼琴

　　鋼琴是伴奏中常見的素材，音域範圍很廣，因此調整時要將重點擺在如何避免和人聲相衝。此曲在編曲時就是以不干擾人聲頻段的音域範圍來演奏鋼琴。此外，鋼琴是前奏的主要素材，所以會在樂句的分句下工夫以加強樂曲的印象，當人聲進入樂曲之後，就不在分句上做太多動作，盡可能把空間騰出來給人聲。

貝斯

　　這首樂曲使用了低頻聲很多的合成器貝斯（synth bass）。可能有些人會覺得低音稍微重了一點，不過為了母帶後期處理完成後還能保有廣泛的頻率範圍，所以刻意不修掉超低頻。即使低頻聲多到這種地步，實際上在提高音壓時也沒有發生任何問題。另外，貝斯有相當多 20 ～ 100Hz 左右的超低頻聲，因此若是用小型監聽喇叭，恐怕很難確認低頻的狀況。遇到這種情形時，可以搭配監聽耳機等來確認。

鼓組

　　這是碎拍風格（breakbeat）的循環樂句（loop），其中包含了大鼓、小鼓、腳踏鈸，和打擊樂風格的樂音。仔細聽的話，就能聽出高頻的素材主要定位在左右聲道，而且低音到高音的分配相當均勻。而大鼓中含有頻段相當低的 50Hz 左右的聲音，難以用小型監聽喇叭播放，最好用耳機仔細聽聽看。或許各位會認為這麼低的聲音對樂曲來說是不必要的要素，不過這其實就是讓樂曲的頻率範圍聽起來廣泛的重要因素。

　　可能有人會想「這樣低頻不會干擾到貝斯嗎？」。那麼，請將貝斯推到 0dB、鼓組推到 -3 ～ 4dB，再播放出來聽聽看，應該就不會有低頻聲相衝的感覺。如同 chapter 06（P52）中也提過，通常超低頻的音壓很難察覺，所以有時候就算有一、兩個低音的頻段重疊也不用太在意。而且透過推桿調整平衡，反而

有助於做出豐潤飽滿的聲音。

弦樂

此曲是將合成器的弦樂音色疊以小提琴原聲，同時利用左右定位，讓弦樂表現出有如和聲般的空間感。為了確認弦樂的聲音定位（panning），此處只要試聽人聲、和聲、弦樂的部分。音場會有和聲與弦樂將人聲圍繞起來的感覺。概念就如**圖①**所示。實際上的聲音定位則如**畫面③**的設定。

打擊樂器

在結合了多個低頻到高頻的打擊樂音所做成的段落上，加掛附點八分音符的延遲效果，以製造出跳動感。各素材的左右定位以不讓空間感過度擴張為前提。此外，在高頻的素材加掛偏多的厚重殘響效果，以兼備深度和廣度。

▼畫面③ 在弦樂的混音當中，進行合成器弦樂與小提琴的聲音定位範例

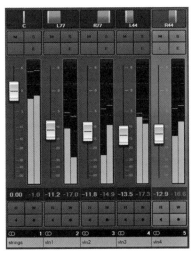

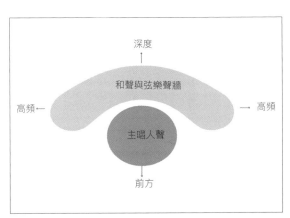

▲圖① 人聲與弦樂或和聲的配置概念圖。請試著把弦樂與和聲的空間加寬，就像將人聲圍繞起來

殘響（Reverb）的相關設定

各素材的音色都加上殘響效果。筆者使用的殘響效果器是 Cubase 內建的 RE Verence，並將其插入（insert）在 AUX 音軌上，然後從各音軌傳送（sends）音訊以調節各軌的殘響量。殘響效果則用大廳（hall）類型中的 English Chapel（英式小教堂），殘響時間（Reverb Time）設在偏長的 3.5 秒上下。傳送量大致上都偏大。為了修掉殘響的悶聲，要在殘響後面插入 EQ，將 100Hz 以下的成分截掉 20dB 左右。

殘響在空間的創造上是一種非常重要的效果器。當無法順利整合多個聲音時，可以思考一下每種聲音素材要加上多少殘響效果。也就是要利用殘響做出深度，再將各聲音素材的位置一一整合起來。

接下來的說明可能會有點抽象。殘響就類似拍照。如果被拍攝者身後的景物會干擾到被拍攝者，拍攝時只要讓背景失焦就能拍出深度，讓被拍攝者有立體浮現的感覺（這就是「淺景深」狀態）。音樂的混音工程同樣可以辦到。舉例來說，假設有素材和人聲相衝，那麼只要在該素材上適度加上殘響，就能將該素材移到人聲後方，使人聲清楚可辨。

實際單獨播放（SOLO）人聲音軌應該就會明白，副歌的人聲雖有加掛延遲效果（Delay），卻沒有加掛殘響。然後，頻段和人聲重疊的和聲與弦樂都確實加了殘響，讓人聲彷彿往前移動了。相反地，在主歌的部分，由於會干擾人聲的素材少，所以可以充分加上殘響，讓聲音悅耳動聽。

然而，這個做法並非是人聲的專利。例如用來表現節奏的素材中，主要素材的鼓組沒有加上殘響，但打擊樂器有加。請在單獨播放鼓組的中途加進打擊樂器的音軌，聽起來應該會有一種節奏忽然產生空間的感覺。由此可知，謹慎挑選要加掛殘響的素材，就能讓樂曲的音場清晰立體。

想將人聲放在更前面時

接下來介紹將人聲放到更前面的技巧。

這時也是從音量推桿的調節著手。頻段和人聲重疊的樂器，例如弦樂、吉他、鋼琴等，只要將這類樂器的音量調小一點，就能提升人聲的存在感。如果人聲還是淹沒在其中的話，就輪到 EQ 上場。基本上，可將構成人聲的主要頻帶的 Q 值（quality factor，帶寬）加寬，並適度調高增益（Gain）。具體數字會隨人聲特質而異，不過男聲可從約 500Hz、女聲可從約 800Hz 找出適當的頻率。增幅（boost）的大小則從 2dB 左右開始。有時候只要提升一點就能讓聲音跑到很前面（**畫面④**）。然而，這樣也可能導致聲音產生極端變化，所以增益不可提升過頭。

用了 EQ 還是不夠凸出時，也可以善用壓縮器（compressor）。若是把起音時間（Attack Time）設在偏慢的 30ms 上下，釋音時間（Release Time）則約在 300 ～ 400ms，壓縮比（Ratio）設為偏低的 2 ～ 4：1 左右，並將這首歌的臨界值（Threshold，或稱「閾值」、「門檻」、「閘門」）調到約 -8dB，就能把人聲輪廓修整得既平整又分明（**畫面⑤**）。

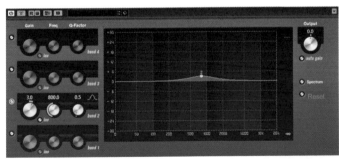

◀畫面④ 讓人聲輪廓分明的EQ設定範例

▶畫面⑤ 將人聲移到更前面的壓縮器設定範例

09 電子樂類型的混音要點

混音概念：強調低頻的平衡表現

以扭曲變形的混音效果為目標

　　這裡準備的是電子舞曲類的樂曲。在「舞廳」這種特殊空間中，用什麼方法才能「在跳舞時感受到美妙的低頻」是一大重點。母帶後期處理將美妙的低頻展現出來固然重要，然而在混音上抓取平衡時，也要留意低頻的表現。就頻率的平衡表現而言，集中於低頻上的「扭曲變形的混音效果」，在某種意義上有其必要。這點也許會讓不熟悉電子舞曲的人覺得不太舒服。不過，在舞廳這種大音量流竄的場所中，低頻聽起來的感受也會完全不同。而「扭曲變形的混音效果」就是讓低頻在大音量之下聽起來舒服的重點。混音時最好留意這點。

下載素材的注意事項

　　素材如下列所示。已經為 Cubase 以外的 DAW 使用者標示錄音音檔的檔名，各素材的 Cubase 專案檔即是 Alternate_sozai.cpr 中列出的項目（曲名在底線後）。參考用的立體聲混音音檔分成「normal（正常）」和「loud（大聲）」兩種版本，混音時請參照「normal」（**畫面①②**）。Cubase 用戶也可參照已混音完的 Alternate_kansei_normal.cpr。「loud」版本後面會說明。

〈參考用的立體聲混音音檔〉
* Alternate_2mix_normal.wav
* Alternate_2mix_loud.wav

〈混音素材〉
* 大鼓：Alternate_kick.wav
* 腳踏鈸：Alternate_hihat.wav
* 打擊樂器：Alternate_perc.wav
* 貝斯：Alternate_bass.wav

下載素材

Cubase用

Cubase → 09

▶ Alternate_sozai.cpr
▶ Alternate_kansei_normal.cpr
▶ Alternate_kansei_loud.cpr

其他DAW用

Other_DAW → 09

▶ Alternate_2mix_normal.wav
▶ Alternate_2mix_loud.wav和其他七條混音素材音軌

- 吉他：Alternate_guitar.wav
- 鋼琴：Alternate_piano.wav
- SE（效果音）：Alternate_se.wav

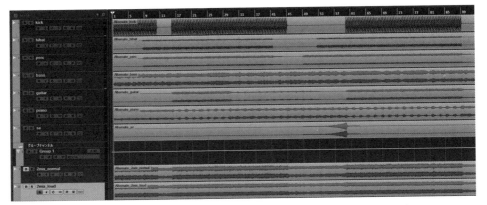

▲畫面① 在Cubase上的各混音素材和立體聲混音音檔。此素材的立體聲混音有兩種版本。

▲畫面② 各素材的音量推桿在開始混音前的位置。確認Alternate_2mix_loud.wav的聲音時，要仔細聽取大鼓聲。此外，「Group 1」中編有多條樂器的AUX音軌，詳細請參閱次頁

電子樂類型的混音攻略

先將大鼓推大

　　這首曲子的混音是以大鼓為重心，並且使用了等化器（equalizer，EQ）和壓縮器（compressor）。大鼓以外的音軌會先整合到匯流排（BUS）中，再利用 AUX 音軌分組（group），最後微調和大鼓之間的平衡表現。立體聲混音的音壓目標訂在 RMS 值 -15dB，並將大鼓的音量推桿推到 -7.15dB。由於貝斯必須禮讓大鼓，所以設在相對收斂的 -9dB。腳踏鈸推到 -12.5dB，打擊樂器在 -12dB，然後為了讓聲音擁有穿透力，兩者都用 EQ 的擱架式濾波器（shelving filter）[譯注1] 增幅 10kHz 以上的頻率，增幅量分別是腳踏鈸 2dB、打擊樂器 3.4dB。接著，將吉他推到 -12dB，SE 效果音推到 -14.5dB。鋼琴則為了顧及與定位在正中央的貝斯、大鼓之間的平衡表現，所以推到稍低的 -10.1dB。

　　若在此階段確認一下整體的平衡表現，就會發現大鼓稍微大了一點，因此要將混音整體的音壓調整到 RMS 表的 -15dB 附近，然後在已經整合到 AUX 音

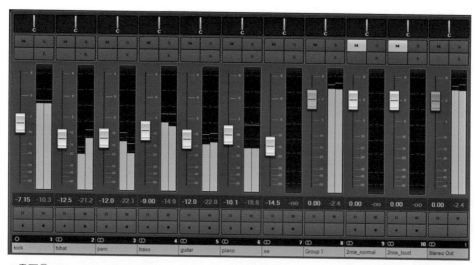

▲畫面① Alternate_2mix_normal.wav / Alternate_kansei_normal.cpr 的推桿平衡表現。混音時要讓 RMS 表頭跑到 −15dB 以加強音量感，同時將大鼓推到前面

軌中的大鼓以外的素材上插入（insert）壓縮器，並將壓縮比（Ratio）設成 8：
1、起音時間（Attack Time）為 0.1ms、釋音時間（Release Time）為 10ms、臨
界值（Threshold）為 -14dB，並將補償增益（Make-Up Gain）設在 5dB 以加強
音量感。此外，為了讓大鼓的質感更加厚實，要利用 EQ 的擱架式濾波器將
60Hz 以下的頻率增幅 3dB。這樣「normal」版就完成了（**畫面①**）。

什麼是強力混音？

　　光是用上述做法就能做出舞曲風格十足的聲音，不過近年來有一種可以更
加強調大鼓聲的混音方式，那就是「強力混音（loud mix）」[譯注2]。強力混音的
代表性作品有傻瓜龐克（Daft Punk）的〈One More Time〉和艾瑞克普茲（Eric
Prydz）的《Call On Me》等，而此章的「loud」版本也是以強力混音做成。若
仔細聽會發現大鼓大到不自然，而且有大鼓時，其他聲音會相對變小。相反
地，沒有大鼓時，其他聲音的音量會一下子增大。這是因為用普通音量聆聽
時，樂曲整體聽起來有一種起伏不定的感覺，所以會覺得不太自然。不過，如
果是在舞廳這種音量震耳欲聾的環境下，就不會介意起伏不定的感覺，反而會
覺得大鼓聽起來很暢快。接下來要介紹這種混音方法。

強力混音的作品範例

〈One More Time〉
(收錄在專輯《Dicovery》中)
傻瓜龐克(Daft Punk)

《Call On Me》
艾瑞克普茲(Eric Prydz)

譯注1 **擱架式濾波器**：為 EQ 的截頻模式之一，一般分為 high shelf(高架) 和 low shelf(低架) 兩種。
英文名稱除了 shelving filter，尚有 shelf EQ、shelving EQ、shelf filters 等。
譯注2 **強力混音**：國內外業界目前並無「loud mix」這個講法，應為本書作者的習慣用語。

強力混音的做法

Alternate_2mix_loud.wav 和 Alternate_kansei_loud.cpr 就是強力混音的範例。強力混音的基本概念就是以壓縮器配合大鼓聲的時間點來壓制其他素材的聲音。如此一來，只想提高大鼓音量時，就不需要在意其他素材的狀況了。而且，大鼓以外的素材音量已經被壓縮器壓住，所以大鼓和其他素材的音量差距會更大。這樣便能做出只凸顯大鼓的混音效果（**圖①**）。

當想要以大鼓聲的時間點來啟動壓縮器時，會使用壓縮器的旁鏈模式（side-chain）。壓縮器一般是由輸入音訊的臨界值（Threshold）來啟動，不過旁鏈模式不是靠輸入音訊，而是透過旁鏈上的音訊來源傳送過來的音量來觸發壓縮。雖然壓縮器規格有別，不過大致上都會將臨界值當做旁鏈模式的音量調整參數，調低臨界值（＝提高輸入音訊的音量）的話，壓縮到的部分也會變多。接下來就請各位利用手邊的DAW，並按照下列操作路徑試做強力混音（**圖②**）。

①新增一條 AUX 音軌

②將大鼓以外的所有音軌的輸出目標 (Output) 從主音軌 (Master Channel) 換到 AUX 音軌

③在 AUX 音軌上插入 (insert) 壓縮器

④在壓縮器的旁鏈模式中，將音訊來源設為大鼓音軌

接下來只要設定臨界值（輸入音量），理論上就能配合大鼓聲來壓縮大鼓以外的聲音素材。想必各位都能聽得出來，壓縮器壓得愈深，大鼓以外的聲音音量會因為被壓縮而愈來愈小。壓縮量愈大，大鼓以外的聲音素材聽起來會愈像浪花起伏那樣不自然。要讓聲音聽起來自然生動，就得將起音時間（Attack Time）與釋音時間（Release Time）設得短一點，而且臨界值不能調得太小。最近出現不少意圖展現極端效果的強力混音作品，但若是希望也能夠在普通音量下播放的話，就得盡力找出能讓聲音聽起來生動自然的壓縮設定。在此提供「loud」版本使用的壓縮器設定以供參考（**畫面②**）。此處的壓縮器數值特地設成和正常混音時一模一樣，所以請試聽並比較看看旁鏈模式和一般情況在壓縮方式上的差異。

下載素材

Cubase用 ▶Alternate_kansei_loud.cpr(強力混音)

其他DAW用 ▶Alternate_2mix_loud.wav(參考用的立體聲混音)

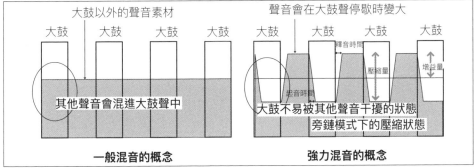

大鼓以外的聲音素材

大鼓　大鼓　大鼓　大鼓

其他聲音會混進大鼓聲中

一般混音的概念

聲音會在大鼓聲停歇時變大

大鼓　大鼓　大鼓　大鼓

釋音時間
壓縮量
增益量
起音時間

大鼓不易被其他聲音干擾的狀態
旁鏈模式下的壓縮狀態

強力混音的概念

▲圖① 一般混音與強力混音的差異示意圖

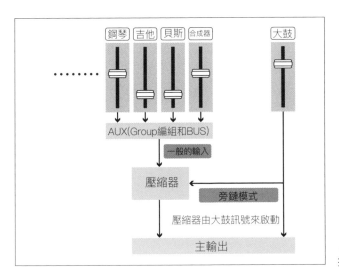

鋼琴　吉他　貝斯　合成器　　　大鼓

AUX(Group編組和BUS)

一般的輸入

壓縮器　←　旁鏈模式

壓縮器由大鼓訊號來啟動

主輸出

◀圖② 旁鏈模式下的強力混音操作路徑概念圖

Threshold -14.0　Ratio 8.00　Make-Up 5.0
soft knee　auto
Attack 0.1　Hold 1　Release 10　Analysis 0
auto　peak - rms　live

-6.4　　-3.5
-12.0

▲畫面② 「loud」版本的壓縮器設定。壓縮比為8：1，起音時間和釋音時間皆調到最短

電子樂類型的混音素材解說

大鼓

　　這首曲子的大鼓敲擊聲強勁，低頻聲也相當多。音軌設成單聲道（mono）是為了讓低頻聲更加立體。

　　在製作舞曲類的音樂上，大鼓音色的挑選非常重要。由於並沒有適用於所有樂曲的大鼓音色，所以挑選時要仔細考量是否符合樂曲風格。尤其，當選用的是含有 50Hz ～ 80Hz 前後的超低頻聲的大鼓時，鼓聲在舞廳等大音量環境下聽起來很舒暢，而且樂曲整體的頻率範圍也很廣泛（**畫面①**）。

　　另外，用喇叭單獨播放大鼓聲時，敲擊聲強勁或高頻聲多的音色聽起來也比較華麗，不過開始混音後，沒有超低頻的話，往往會覺得好像少了什麼。此時最好當機立斷換掉音色。或者是把敲擊聲強勁的音色和超低頻鮮明的音色，這兩種音色混合一起用。兩者的平衡表現也可以視狀況隨時微調音色。若混合兩種大鼓聲還是無法順利表現低頻的話，可反轉其中一個大鼓的相位（pha-

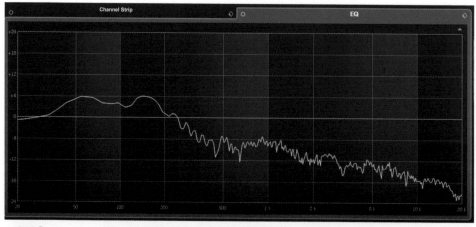

▲畫面① Alternate_kick.wav 的頻率分布在頻譜儀中的狀態。可以看到其中也含有相當多 50Hz ～ 80Hz 的超低頻聲

se），或將波形放大到取樣數（sample）的單位大小以錯開位置，都會有不錯的效果。當挑選音色遇到困難時，也可以嘗試上述的方式。

貝斯

　　此曲是使用 MOOG Minimoog 做出來的合成器貝斯，並且即時操控濾波器（filter）來為音色增添表情。和大鼓一樣也定位在正中央，所以正中央位置上的音量和頻率都呈現十分擁擠的狀態（**畫面②**）。

　　平衡表現則以大鼓為優先，不過混音時也可以讓兩者合起來的主音軌（Master Channel）的峰值表在 -2 ～ 3dB 上下。或許有人會認為「這樣不就無法在母帶後期處理時提高音壓了嗎？」，不過以舞曲類的樂曲來說，低音先做到這個程度也沒關係。

　　另外，當加入其他素材後，峰值表有可能衝破 0dB 時，這時並不是調低大鼓或貝斯的音量，而是應該優先調低中頻或高頻素材的音量，低頻素材的聲音則不要調太小，這樣應該就能做出混音效果接近理想，且能在舞廳吸引眾人目光的作品。

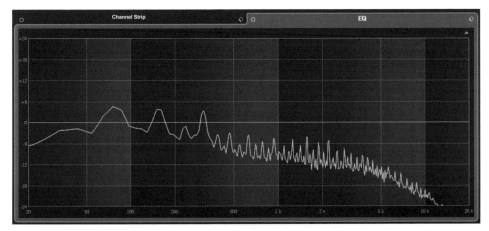

▲畫面② Alternate_bass.wav 的頻率分布在頻譜儀中的狀態。頻率分布有很大一部分和畫面①的大鼓重疊，不過混音時不需要避開彼此，而是要並用兩者做出能凸顯低頻的效果

腳踏鈸

使用的是高頻清晰鮮明的音色，並定位在右聲道，以騰出空間給中央位置。

打擊樂器

此素材等於是和腳踏鈸配成對，所以編寫樂句時會避免和腳踏鈸的反拍打法相衝（**畫面③**）。而且定位在左，同樣把空間留給中央位置。

吉他

目標是以附點八分音符的延遲效果（Delay）做出生氣勃勃的樂句表現。此外，殘響效果偏多是為了避免和鋼琴衝突，還能在空間上創造深度。

鋼琴

和吉他一樣加上附點八分音符的延遲效果，做成序列（sequence）風格的樂句。另外，當吉他聲出現後，演奏則轉為單調的和弦表現，以免和吉他樂句

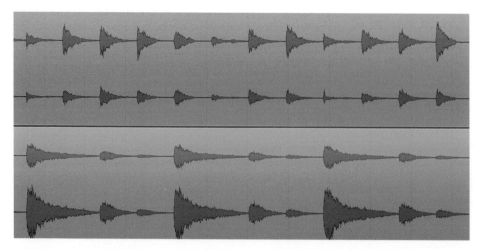

▲畫面③ 上方為打擊樂器波形，下方為腳踏鈸波形。比較波形的大小，便能看出兩者是透過左右邊的音量來相互配合

重疊。像這樣先從編曲層面來思考如何才不會讓各素材互相干擾，在提高低頻音量時也很有幫助（**畫面④**）。

SE 效果音

這裡使用了合成器中的雜訊振盪器（noise oscillator），利用低通濾波器（low pass filter）編輯波形製作類似反向銅鈸（reverse cymbal）的效果音。並適度增減共振參數（resonance）來潤飾音色。

混音的監聽環境

截至目前已重覆強調低音的重要性，但要如何做出舒服的低音，監聽環境也很重要。由於舞廳會使用重低音喇叭（subwoofer）等設備來播放低音，所以在製作音樂時，也要同時確認聲音中是否含有足以讓重低音喇叭表現的低頻聲。不過，基本上舞廳那種播放環境是不可能在家裡重現。這時監聽耳機就能派上用場。近年有些廠牌的監聽耳機的頻率響應（frequency response）標示上，會註明能播放超出人耳聽力範圍的 5 ～ 15Hz 的超低頻聲，所以不妨多加利用這類耳機。當然，母帶後期處理時也必須確認低頻的狀況。

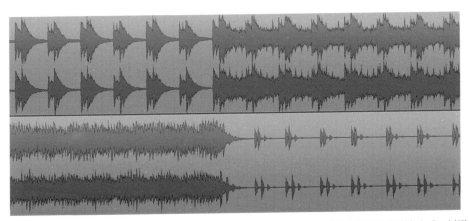

▲畫面④ 上方為鋼琴樂句，下方為吉他樂句。當吉他聲進入時，鋼琴則轉為較簡單的演奏方式，以避免聲音過度重疊

10 ▶ 原聲類型的混音要點

∷∷∷ 混音概念：強調現場演奏的質感

演奏時的雜音也能表現臨場感

　　當若是透過麥克風從頭開始錄製原聲樂器（acoustic instruments）來製作原聲類型的音樂時，要點在於必須做出能將演奏上的臨場感展現出來的高傳真（Hi-Fi）[譯注1]質感的聲音。例如，只要將樂器在演奏時發出的雜音（noise）確實錄起來，就可以自然表現出樂器發聲時的狀態。甚至，連同樂手換氣的聲音也收錄進去的話，聲音想必會更加有血有肉。

　　或許有人會說這些「雜音」難道不會妨礙混音等作業嗎？筆者過去也會盡量避免把「雜音」錄進去，但事實證明積極採用這些要素，的確能大幅提升臨場感。在母帶後期處理時，如果能夠在保有動態空間的狀態下精準地提高音壓並展現出扣人心弦的力量，這些雜音就能讓演奏上的表現更加生動寫實。這正是原聲類型音樂的母帶後期處理階段的重要關鍵。因此在調整混音的平衡表現時，也要把這些納入考量。`

下載素材的注意事項

　　這裡的樂曲是以手風琴（accordion）為主的配樂，素材羅列如下。如同 chapter 08、09，也為了方便 Cubase 用戶以外的讀者使用，錄音音檔已標上檔名；各素材的 Cubase 專案檔即是 FamigliaTrueman_sozai.cpr 中所列出的項目，曲名則接在底線之後。而完成混音的專案檔為 FamigliaTrueman_kansei.cpr。

　　〈參考用的立體聲混音音檔〉

● FamigliaTrueman_2mix.wav

　　〈混音素材〉

●手風琴：FamigliaTrueman_accordion.wav

●木箱鼓：FamigliaTrueman_cajon.wav

●打擊樂器：FamigliaTrueman_perc.wav

下載素材

Cubase用

Cubase → 10

▶FamigliaTrueman_sozai.cpr
▶FamigliaTrueman_kansei.cpr

其他DAW用

Other_DAW → 10

▶FamigliaTrueman_2mix.wav和其他五條混
音素材音軌

● 貝斯：FamigliaTrueman_bass.wav

● 吉他：FamigliaTrueman_guitar.wav

　　有些音軌已加上殘響效果，有些則幾乎接近原始狀態。聲音素材還沒有整合，不過已完成定位，為方便說明，在此稱為分軌音軌（stem tracks）譯注2。從混音工程的方向而言，為了將素材的動態表現和音質發揮到極致，各音軌皆未使用等化器（equalizer，EQ）和壓縮器（compressor）。請各位一起運用音量推桿（fader）來完成立體聲混音。

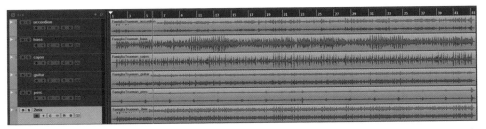

▲畫面① 在Cubase上的各聲音素材和立體聲混音音軌。音軌皆已加上效果器，也完成聲音定位，但尚無已經整合好的分軌音軌

◀畫面② 開始混音前的各素材的推桿位置和其他樂曲一樣都設在–10dB

譯注1 **高傳真**：貼近聲音原始狀態的音質。
譯注2 **分軌音軌**：此處為作者的個人用法。可參考 chapter 07(P64) 的「分軌混音」。

PART
2

為了做好母帶後期處理的混音技巧

原聲類型的混音攻略

....

音量感以手風琴為基準

　　接下來要說明筆者製作立體聲混音的過程。由於這首樂曲的音軌數較少，錄音音量也大到足以捕捉各樂器的細膩表現，因此算是相對容易在母帶後期處理時提高音壓。所以混音完成時的音壓略小於其他三種類型也沒關係。

　　基於上述理由，首先要思考手風琴的音量設定。這種樂器的特色是動態範圍非常大，意思是音量大小聲差很多。因此要將手風琴的音量推桿推到 RMS 表頭最大至 -20dB 左右，直到細微的聲音聽得清楚為止。最後，推桿位置設在 -2dB。

　　負責樂曲低音部分的是木箱鼓（cajon）和貝斯，在編曲時就已經針對兩者製作不會互相衝突的樂句。因此，兩者都有比較充足的音量，也為了讓兩者的音量感大致相同，木箱鼓推到 -2dB，貝斯則是 -5dB。不過，由於木箱鼓的頻

◀畫面① 混音後的音量推桿平衡。關鍵在於混音時要以手風琴為基準

率分布範圍廣，先處理木箱鼓或許會比較容易拿捏平衡表現。

打擊樂器要留心殘響效果在聽覺上的表現

　　接著是負責伴奏的吉他。這裡要留意聲音定位。手風琴是定位在稍微偏左的位置（原因將於後面說明），而吉他則和手風琴配成對，定位在稍微偏右的位置。根據兩者在定位上的相對關係，必須找出吉他可以恰如其分地成為手風琴後盾的音量大小，因此要單獨在 RMS 表上測試吉他聲，其測試結果為吉他設在比手風琴低 2 ～ 3dB 的 -7dB。

　　而用來潤飾樂曲的打擊樂器，則是透過金屬片效果（plate）加了稍多的殘響來創造空間感。音量部分則考慮到這種殘響效果在聽覺上的表現，而設在 -5 dB。關於這種殘響效果將留在後面說明。

　　如此一來，以音量推桿調整平衡表現的作業就完成了（**畫面①**）。樂曲整體的 RMS 最大值為 -15dB，比其他三種類型的樂曲小一些，不過動態範圍較大，所以峰值表（Peak Meter）也有可能衝過 0dB。為了預防破音，已將限幅器（limiter）插在主音軌（Master Channel）上（**畫面②**）。

◀畫面② 為防止破音而加掛在主音軌上的限幅器（使用Cubase內建的限幅器）。Output 設在 −0.1dB

原聲類型的混音素材解說

錄音方法

　　此樂曲的所有聲音素材皆在同一時間錄音，也就是同步錄音。而且是樂手各自在不同錄音室錄音，所以幾乎沒有樂器相衝的問題，混音也相對容易處理。另外，為了將演奏上的細膩表現毫無遺漏地錄進去，麥克風的位置要盡量貼近音源。

手風琴

　　手風琴是在左右兩邊各架一支麥克風以立體聲錄製而成。這麼做是因為這種樂器必須使用雙手演奏，而且也想將按鈕式手風琴在切換按鈕時發出的獨特聲響（noise）收錄進去。此外，旋律的部分是由右手負責，所以自然會定位在稍微偏左的位置。不過，為了避免聲像在製作混音素材的階段擴展得太厲害，左右兩聲道的聲音定位會略微偏向正中央。然後再加掛殘響效果，手風琴的混音素材就完成了。這個錄音的聲音穿透力已經不差，不過想要讓高音更加遼闊的話，也可以考慮利用 EQ 的擱架式濾波器（shelving filter），將 10kHz 以上的高頻增幅 2dB 左右。凸顯殘響效果的高頻部分就能提升聲音的穿透力（**畫面①**）。

貝斯

　　樂器使用的是低音提琴（contrabass ／ double bass）。此處把用來收撥弦聲的電容式麥克風（condenser microphone）以及用來收琴體共鳴的真空管麥克風（tube microphone）各自朝向撥弦的位置收音，然後將兩者混成單聲道音軌（mono track）。彷彿可以聽見琴弦撞擊指板時發出的鮮明聲響。

木箱鼓

　　使用兩支麥克風收音，一支置於正面，另一支架在背面並伸入箱內收音來

凸顯低音。將兩者混成單聲道音軌後即完成混音素材。

　　想增強低音的音量時，可以用 EQ 將 100Hz 附近的聲音增幅 2dB 左右（**畫面②**）。不過，音量不可加過頭。由於母帶後期處理還會調整，所以只要利用 EQ 稍微增色一下即可。2dB 左右的大小除了可以整合平衡表現，聲音形象上的變動也不會太大。

吉他

　　由於考量到刷弦時琴弦擺動的聲音與從響孔（sound hole）傳出來的共鳴聲之間的平衡表現，收音時要鎖定在略高於響孔的位置。具體來說，聲音的感覺比較剛硬。

打擊樂器

　　這首曲子的打擊樂音軌是以多種手搖式的打擊樂器組成。在這種敲擊聲強勁且拍子切分不會太細的打擊樂上，加上多一點的殘響，就能有效做出豐潤飽滿的空間效果。

◀畫面① 凸顯手風琴的聲音穿透力的EQ範例。可選用擱架式濾波器將10kHz以上的高音增幅約2dB

◀畫面② 凸顯木箱鼓低音的EQ範例。選擇擱架式濾波器將100Hz以下的頻率增幅2dB左右

殘響（Reverb）的相關設定

　　手風琴和打擊樂器是透過傳送（Sends）方式[譯注]來加掛同一款殘響，不過主導樂曲的是打擊樂的殘響效果。使用的效果器則是 Cubase 內建的 REVerence，殘響效果選擇金屬片效果（plate），殘響時間（Reverb Time）為 2s，預先延遲參數（Pre-Delay）則設在偏長的 40ms，以避免失去打擊樂的敲擊聲質感（**畫面③**）。

　　當想要像這樣充分表現殘響效果的尾韻時，若將殘響時間的調節基準定在 2s 左右，再來增減會比較容易調整。這個秒數是筆者從經驗中得到的結果，一般而言，音場好的音樂廳，其殘響時間通常在 2s 上下，所以有可能是受到這個講法的影響。再者，在監聽音量小的狀態下比較不容易確認殘響效果的表現，因此在監聽音量小的狀態之下取得平衡後，一定要回到普通的音量來判斷殘響的表現是否合宜。此外，以不同的殘響類型來說，就算殘響時間相同，也會有不同的表現。所以最好選擇自己比較容易操作的效果。

　　然後，許多殘響效果器會配備類似 EQ 的功能，可以用來解決低頻或高頻

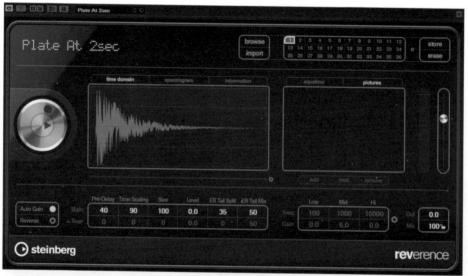

▲畫面③ 加在打擊樂上、對空間營造有非凡貢獻的殘響效果——Cubase 內建的 REVerence。為了表現打擊樂器的敲擊聲，預先延遲參數（Pre-Delay）設在 40ms

聲糊成一團的問題。當殘響效果的表現恰到好處但聲音不夠分明時，可以嘗試按照低頻→高頻的順序修掉聲音。反之，提高聲音穿透力時，不妨試著在殘響後面插入（insert）EQ，然後將 10kHz 以上的頻率增幅 2 ～ 3dB，也會得到不錯的效果。

　　另外，殘響效果較薄的聲音在近幾年似乎比較受歡迎。雖然樂曲的風格理念各自有別，不過迷失方向時也可以考慮少一點殘響，會比較接近當代的風格。

聲音的定位與分散程度

　　若想和這首樂曲一樣追求高傳真質感，最好避免讓聲音太過集中。各聲音素材必須保持適當距離營造空間才是重點。不過，不是指要將各素材全面分散定位在立體聲音場中。如圖①所示，實際上這首樂曲的確多少有左右定位，但聲音整體而言是固定在中央，而且各素材保有分散得恰到好處的高傳真質感。殘響效果的作用可說非常大。因為加在打擊樂上的殘響效果創造出既深且廣的空間，所以各聲音素材共存在同一個空間裡也不會亂成一團。

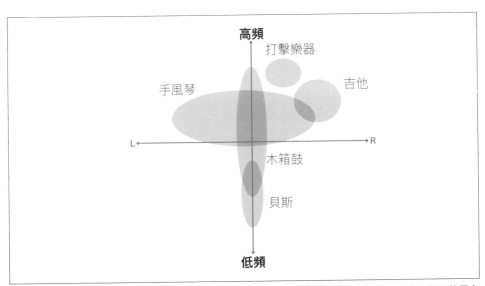

▲圖① 這首樂曲的聲音定位相對集中在中央。不過，藉由加在打擊樂上的殘響創造出深度，因而能保有高傳真的質感

譯注 **傳送**：掛載方式同 chapter 08(P74)。

11 無人聲類型的混音要點

混音概念：讓各樂器聽起來大小均等

演繹破音效果和復古感

無人聲類型的混音素材是帶有搖滾風格的放克（funk music）樂團樂曲。樂團編制為吉他、鼓組、貝斯、次中音（tenor）& 中音（alto）薩克斯風（saxophone）、風琴（organ）以及打擊樂器，樂曲的軸心是負責獨奏的兩支薩克斯風。從混音的方向來說，為了做出和樂曲氛圍相稱的復古音色，整體上會朝製造破音質感，或帥氣的懷舊風來完成混音作業。在 PART 3 中也將進行當代風格的母帶後期處理。

下載素材的注意事項

素材包含參考用的立體聲混音音軌，共九條音軌（**畫面①**）。各素材的 Cubase 專案檔即是 Captured_sozai.cpr 中所列出的項目，曲名則如下方所示接在底線後面。而 Captured_kansei.cpr 是完成混音的專案檔，提供 Cubase 用戶確認。

〈參考用的立體聲混音音檔〉
● Captured_2mix.wav
〈混音素材〉
●中音薩克斯風：Captured_alto_sax.wav
●次中音薩克斯風：Captured_tenor_sax.wav
●鼓組：Captured_drum.wav
●貝斯：Captured_bass.wav
●康加鼓：Captured_conga.wav
●吉他 1：Captured_guitar1.wav
●吉他 2：Captured_guitar2.wav
●風琴：Captured_organ.wav

各聲音素材皆自成一軌，而且每個素材都已經完成聲音定位，也經過效果

下載素材 Cubase用
▶Captured_sozai.cpr
▶Captured_kansei.cpr

其他DAW用
▶Captured_2mix.wav和其他八條混音素材音軌

器處理,狀態上類似分軌混音(stem mix)。另外,只有貝斯音軌為單聲道(mono)。接下來請先將參考用的立體聲混音音軌設為靜音(mute),然後把各素材音軌的音量推桿下拉到 -10dB,再開始混音(**畫面②**)。混音的重點在於,無人聲類型的樂曲最好盡量讓各個樂器保有同等且扎實的存在感。各素材的聲音定位也是基於這個考量。因此,若有依照上述條件來混音,最後的平衡表現就會接近筆者做出來的立體聲混音。

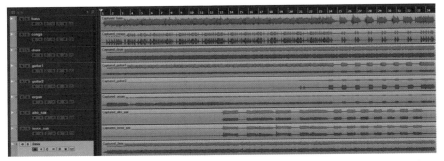

▲畫面① 在Cubase上匯入各素材和立體聲混音音軌後的狀態。混音前要先將立體聲混音音軌設為靜音

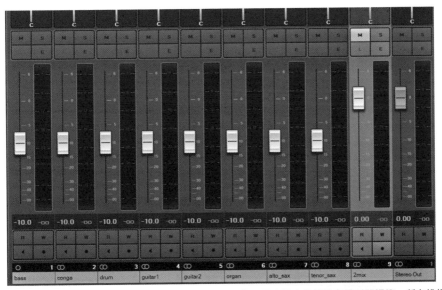

▲畫面② 各素材的音量推桿在開始混音前的位置。為了防止聲音的播放音量瞬間爆衝,所有推桿都要先下拉到–10dB

無人聲類型的混音攻略

鼓組為主軸

　　這首樂曲的混音概念是做出「復古感」，而最能表現這種氛圍的就是藉由破音效果來展現氣勢的鼓組音色。樂曲雖然是立體聲，然而將所有聲音素材定位在中央來模擬單聲道風格的混音，也能演繹復古感。因此，以鼓組為主軸來思考混音，作業上會更加流暢。

　　首先要將所有音軌的音量推到 -10dB，並且播放出來聽聽看。此時應該可以看到主音軌（Master Channel）的峰值表頭已跑到 -2 ～ 3dB 上下，RMS 表頭則在 -20dB 左右。這表示就整體的音壓來看，各素材的音量不需要調得太大。考量到這次混音是以鼓組為中心，所以鼓組的峰值與吉他 1 及貝斯相差到最大

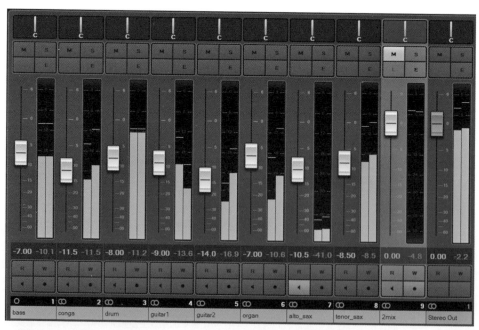

▲畫面① 無人聲類型的立體聲混音音軌在匯出前的各素材的音量推桿設定

8dB 左右。因此，筆者將鼓組從 -10dB 稍微上推到 -8dB，貝斯則相對調到 -7 dB，並將吉他 1 設在 -9dB。這樣便完成由鼓組、貝斯、吉他三者所構成的樂團核心部分的平衡表現。

風琴要稍微大聲

　　下一步是找出康加鼓（conga）的音量感也和吉他 1 或貝斯差不多大，而且不過於吵雜的值。筆者是設在 -11.5dB。而風琴是聲音相對容易被掩沒的音色，所以推到稍微大聲的 -7dB 以加強印象。

　　接著，由於兩支薩克斯風是這首樂曲的主奏樂器，因此不但要有存在感，音量感也必須趨近一致。在檢視過和其他素材之間的比例後，中音薩克斯風調到 -10.5dB，次中音薩克斯風則在 -8.5dB。吉他 2 屬於潤飾用的素材，其作用在於補強吉他 1 和風琴的音色，所以設定在略小的 -14dB（**畫面①**）。

　　另外，雖然也會因 DAW 而異，在這個狀態下播放聲音時，主音軌的音量有可能會瞬間超出 0dB。對策上，筆者會在主音軌上插入限幅器（limiter），然後將輸出（Output）設在 -0.1dB，就可以防止破音（clipping）（**畫面②**）。

◀畫面② 立體聲混音音軌在匯出前先加掛了 Cubase 內建的限幅器，並將 Output 設為 −0.1dB，以防止破音

97

:::: 無人聲類型的混音素材解說

鼓組

　　聲音素材主要來自原聲鼓組，但混音時已先透過 Cubase 內建的失真效果器「AmpSimulator（音箱模擬器）」將鼓組各素材做出帶有金屬質感的聲音，再加進本來的原聲鼓聲中相混。復古風格的聲音就是用這種破音效果做成。不過，由於失真效果器會讓低頻衰減，因此大鼓原聲和破音聲會以 7：3 的比例混合，小鼓則是為了強調破音質感而將原聲和破音聲比例調為 3：7。其他鼓組素材的原聲與破音聲皆以 1：1 的音量比混合，以確保頻率範圍既廣且具備當代風格。

　　一如先前所述，所有素材都刻意定位在正中央以製造單聲道風格。這麼做除了定位上比較容易調整和其他樂器的相對位置，還能使鼓組穩穩地位居正中央，做出簡潔有力的聲音。另外，雖然這次沒有這麼做，不過若在這組鼓聲中全面加上等化器（equalizer，EQ）或壓縮器（compressor）之類的效果器，在增強力道方面也能獲得不錯的效果。

　　比如說，可以嘗試在 EQ 上選擇擱架式濾波器（shelving filter），將大鼓組

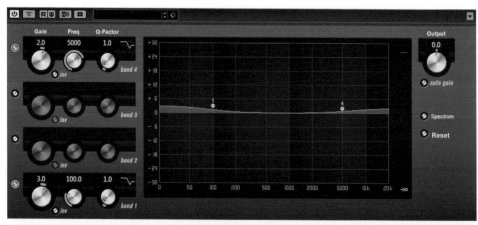

▲畫面① 鼓組的EQ設定畫面。目的是凸顯低頻和高頻

下載素材

Cubase用
Cubase → 11
▶drum_original.wav~drum_comp.wav
（錄音音檔）

其他DAW用
Other_DAW → 11
▶drum_original.wav~drum_comp.wav

PART
2

為了做好母帶後期處理的混音技巧

成頻率中的 100Hz 以下加大 2 ～ 3dB 左右，然後同樣透過擱架式濾波器將 5kHz 以上的高頻提升 2 ～ 3dB。而 drum_original.wav 為原來的聲音檔，經過 EQ 處理的聲音則是 drum_eq.wav，請聆聽比較看看（**畫面①**）。另外，在壓縮器設定方面，壓縮比（Ratio）為 4：1，起音時間（Attack Time）調到偏慢的 20ms，釋音時間（Release Time）則為稍快的 50ms，臨界值（Threshold）設在壓縮量約 2dB 左右。而補償增益（Make-Up Gain）則轉至略大於 2dB（**畫面②**）。效果上主要是凸顯鼓組的細膩表現。drum_comp.wav 即是經過壓縮器處理的聲音。請聆聽看看並和 drum_original.wav、drum_eq.wav 比較一下。

　　此處的 EQ 和壓縮器設定雖無法應用到所有樂曲上，不過基本上可以試著利用EQ凸顯低頻和高頻，然後以壓縮器強調擊鼓感，並配合節奏來收合尾音。

貝斯

　　貝斯聲中混進了 Line in 錄音和用麥克風收貝斯音箱（bass amp）的 Mic in 錄音。Line in 與 Mic in 的比例約為 2：8，同時為了保有低頻強而有力的力道，會選擇混成單聲道音軌（mono）。

▲畫面② 鼓組的壓縮器設定畫面。重點在於要配合樂曲節奏設定釋音時間

99

吉他1＆吉他2

　　吉他1是採用和其他樂器同時演奏的現場錄音方式，吉他2則是為了增加聲音厚度而以多軌疊錄（overdubbing）[譯注1]錄製的素材。兩支吉他各自以大角度定位在一左一右來展現寬闊的空間感。另外，在樂曲開始前會聽到吉他音箱的雜音，其實是刻意保留的雜音。雖然似乎不太必要，不過這個雜音是賦予樂曲現場演奏質感的關鍵因素。以同步錄音等方式錄製樂團時，只要多加重視這種現場演奏的感覺與氣氛，就能表現出臨場感。

康加鼓

　　康加鼓是用失真效果器（AmpSimulator）加了一點破音做成，定位在稍微偏右的位置，並且利用殘響效果製造空間深度，在位置上做出和鼓組的相對差異。

風琴

　　風琴也是用失真效果器做出些許破音效果來融入整體的氣氛中，並且定位在右聲道。而且也加掛了與康加鼓同款的殘響效果。

▲畫面③ 加掛在康加鼓和風琴上的殘響效果——Cubase內建的RoomWorks SE

中音＆次中音薩克斯風

　　兩支薩克斯風各自以小角度定位在一左一右。請分別單獨播放兩軌聆聽看看。在混這兩個音軌時，要仔細思考這兩個聲音該擺在多前面。在監聽音量小的狀態下，比較能客觀掌握薩克斯風在合奏（ensemble）時的音量。另外，在小音量下取得平衡表現之後，別忘了也要回到普通的監聽音量來檢視聲音的狀況。

殘響（Reverb）的相關設定

　　康加鼓和風琴都是透過傳送（Sends）方式加掛 Cubase 內建的殘響效果器「RoomWorks SE」。預先延遲（Pre-Delay）設為 50ms，殘響時間（Reverb Time）為 2s（**畫面③**）。這款殘響效果的特色就是聲音在回送時是設成單聲道（mono），並且會在不影響原音的狀態下回送到正中央的位置上。這個手法在支援立體聲（stereo）的數位殘響效果器尚未出現的年代很常見，這次是為了表現復古感而加以運用。此外，加了殘響效果的聲音本身也利用失真效果器製造破音質感，特地做成具有低傳真風格（Low-Fi）^{譯注 2}的音質（**畫面④**）。

▲畫面④ 將加上殘響效果的聲音做成低傳真風格時使用了 Cubase 內建的 AmpSimulator

譯注 1 **多軌疊錄**：將相同素材分軌錄製兩次以上再疊加起來的錄音方式。
譯注 2 **低傳真**：指風格類似早期的錄音設備所錄製的粗顆粒音質。

聲音定位的重要性

　　這首無人聲樂曲的混音特色在於，為確保不會產生音場重疊而將單聲道的聲音素材定位在立體聲音場中，如此一來各樂器的頻率範圍也不會相互干擾。同時，由於單聲道的殘響效果會回到中央位置，讓彼此分散的樂器之間得以產生和諧一致的感覺。若能在混音階段先留意到這點並加以調整，母帶後期處理時也會比較得心應手。

　　接下來從頻率分布範圍的角度來詳細解說聲音定位上的處理。首先，小鼓、吉他 1 & 2 以及風琴的頻率組成都很相近，因此會將鼓組定位在正中央，吉他 1 在左，風琴在右，而潤飾用的吉他 2 則放在比風琴更外側的位置，藉此分散聲音素材（**圖①**）。只要聲音不會互相干擾，使用 EQ 補強聲音的機會也會變少，就可將原音優點發揮到極致。為方便參考比較，請將吉他 1 和風琴的立體聲音軌改成單聲道。這樣一來兩者都定位在正中央，不過很可能會產生兩個樂器的頻率分布互相干擾的感覺，心理上恐怕就會想用 EQ 等效果器做出兩

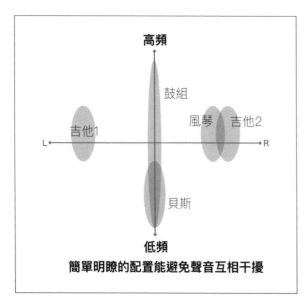

◀**圖①** 鼓組、貝斯、吉他 1、吉他 2、風琴的定位圖。鼓組是混成單聲道，不會往左右擴展，因此要放在正中央。吉他 1 和風琴定位在一左一右，吉他 2 是用於補強聲音，定位會稍微和風琴重疊，放在比風琴更右側一點的位置

者之間的差異。如果不需要用到 EQ 就能補強聲音，那麼就能加以善用 EQ，使素材的聲音更加出色。如此慢慢累積混音經驗，對於樂曲整體的音質也會有所提升。

再者，兩支薩克斯風要以填補空隙的方式分別定位在鼓組、吉他、風琴之間的空位中（圖②）。目的是讓在樂曲中擔任主奏樂器的兩支薩克斯風，將分散開來的各樂器聚攏在一起。因此，從薩克斯風出現的那一刻起，樂曲立刻合而為一，樂曲行進上的對比也油然而生。

然後，最後千萬別忘了康加鼓。從圖②可能很難找到適合安放的位置。這時要利用殘響效果（Reverb）。和鼓組一樣，康加鼓也是用來製造律動的重要素材，如果將康加鼓放在和鼓組同樣的深度，就會有雜亂無章的感覺。因此，為了讓康加鼓和鼓組能共處在同一個空間中，康加鼓要加掛偏厚的殘響，讓它的位置比鼓組再深一點。另外，定位上也不是完全定在正中央，而是放在大鼓偏右的位置，做出距離感。

此處的定位方式可以運用在樂團類型的混音上，請多加參考。

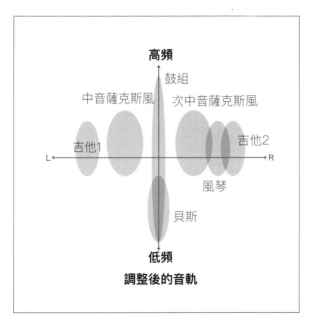

高頻

鼓組

中音薩克斯風　　次中音薩克斯風

吉他1

L　　　　　　　　　　　　　　R

吉他2

風琴

貝斯

低頻

調整後的音軌

◀圖② 中音薩克斯風和次中音薩克斯風要擺在各樂器之間。由於兩者為主奏樂器，所以具有飽滿的音量感

等化器的截頻處理

難以靠音量推桿調整平衡時的祕訣

濾波技術

　　這裡要介紹兩個技巧。當只用音量推桿已經無法調整混音平衡時就能加以應用。兩種方式都會使用到等化器（equalizer，EQ）。

　　首先是濾波技術（filtering）。濾波技術泛指將某特定頻段以上或以下的頻率截除時所使用的技巧，通常會利用濾波器（filter）或擱架式濾波器（shelving filter）來進行。這個方法在低頻的處理上尤其常見，舉大鼓和貝斯的頻段相衝為例，當只用音量推桿已經無法調節平衡時，就會將其中一個的低頻修掉來調整平衡表現。此時的基本思考方向有以下兩點。

　　①需要調整兩種素材的頻段時，若從音量較小的素材下手，音質上的變化比較不會那麼明顯

　　②截除低頻時，讓頻率由低頻往高頻方向變化，就能將音質上的變化降到

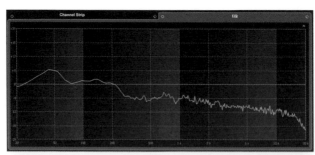

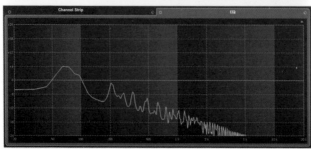

◀畫面① 上方為01_drum.wav、下方為02_bass.wav的頻譜分布。可知低頻部分的音量都相當大，而且互相衝突

下載素材

▶ 01_drum.wav～03_filtering.wav(僅有錄音音檔)

▶ 01_drum.wav～03_filtering.wav

最低（截除高頻時則相反過來）

接著就來實際操作看看。請將 01_drum.wav 和 02_bass.wav 匯入 DAW，然後將兩音軌的音量推桿一起推到 -6dB 再播放出來聽聽看。在此狀態下，60～100Hz 附近的頻段會互打，而且低音聽起來不太清晰（**畫面①**）。若就此放任不管的話，母帶後期處理再怎麼調整也很難補足音壓。

因此，首先要在音量小的貝斯上插入（insert）EQ 並選擇擱架式濾波器。然後以陡峭的 Q 值曲線從 30Hz 處向下截除約 24dB。結果就如**畫面②**所示，截頻會從 200Hz 附近展開，如此應該就能全面降低頻帶相衝帶來的影響，而且也可以在不破壞貝斯自身音質的狀態下整合低頻。03_filtering.wav 是筆者以濾波技術處理後匯出的音檔。

另外，想保留素材的音質時，使用自動化調節功能（Automation）也是一種好方法。例如，當大鼓和貝斯同時出聲時，可以將貝斯的低頻修掉，或當鼓聲暫歇時，可按下旁路按鈕（Bypass）^{譯注}暫時關閉 EQ，如此就能讓該段落的貝斯聲保有原先的音質。

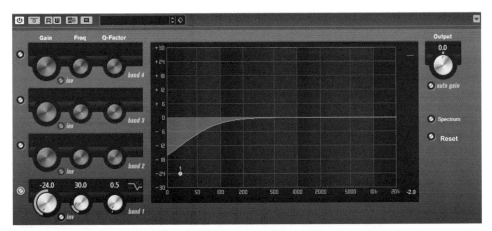

▲畫面② 在 03_filtering.wav 中對貝斯加掛擱架式濾波器的 EQ 設定畫面。目標是將 30Hz 以下的低頻截除 24dB 來整合低音

譯注　**旁路按鈕**：一種旁路模式，按下 Bypass 按鈕時，訊號就不會經過 EQ 等效果器的電路而是直接通過，等於讓效果器的設定暫時失效。

將刺耳的音頻局部削除的 EQ 調控技巧

相信各位在混音過程中都有遇過這種問題，就是逐步調升各素材音量時，由於某個特定頻率的聲音變得刺耳，而無法如願提高音量的情況。這種時候，若是先找出問題頻率並稍微調降該音頻的音量，有時候可以讓該部分和其他素材的比例更協調，混音也會變得格外容易操控。

接下來說明調控的步驟。在進行這項作業時，會先將 EQ 的增益量調到最大，找出發生問題的頻段。因此，剛開始請先將監聽音量調小，EQ 調整到適當的增益量之後，再慢慢提高監聽音量。

①循環播放覺得刺耳的聲音素材

②插入 (insert)EQ 並選擇峰值濾波器 (peak filter)

③調低監聽音量

④將 Q 值寬度調窄，增益 (Gain) 調到最大

⑤上下調動頻率，找出刺耳的聲音最凸出的頻段

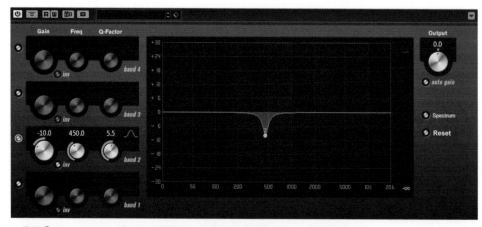

▲畫面③ 04_vocal.wav 的 EQ 設定範例。利用峰值濾波器將 450Hz 截除 10dB

⑥找到問題頻段後進行截除。截除量按 –2dB、–4dB、–6dB 循序漸進，並隨時確認和其他素材之間的協調性

⑦截除效果不明顯時，再慢慢加寬 Q 值寬度

此 EQ 調控技巧的相關音檔素材也已備妥。04_vocal.wav 是出現刺耳聲的聲音素材，05_oke.wav 為其他聲音素材的立體聲混音音軌。請在 DAW 中匯入這兩個素材，並將各音軌的音量推桿推到 0dB，然後在 04_vocal.wav 音軌上插入（insert）EQ。接著就請各位按照步驟①～⑦實際試做看看。**畫面③**是筆者設好 EQ 的範例，06_eq1.wav 則是將已完成 EQ 調控的 04_vocal.wav 與 05_oke.wav 以立體聲混音處理後的音軌。

另外，視情況有時可能需要按照上述步驟截除多個頻率點。當截除一個頻率點還是無法得到理想效果時，就要繼續找出有狀況的頻率。

同時併用濾波技術的機會很多，例如去除人聲換氣時的雜音，會使用濾波技術截除低頻；刺耳的部分則是利用峰值濾波器削除。這樣做比較容易提高音量，也能將人聲推得更前面（**畫面④**）。請聆聽 07_eq2.wav。

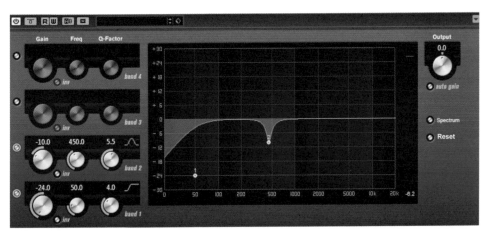

▲畫面④ 在人聲上操作濾波技術&峰值濾波器來截頻的範例。50Hz以下的頻率被截除，450Hz左右則修掉了10dB

chapter 13　混音工程的壓縮器調控技巧

理解動作原理

使用方式會隨使用目的而異

　　壓縮器（compressor）在混音上和母帶後期處理上的使用方式不一樣。大致上來說，混音時主要用來調整各聲音素材的清晰度，母帶後期處理時大多會以類似音量最大化效果器（maximizer）的方式來提高立體聲混音的音壓。總之，要先理解構造原理，再配合使用目的來操作。

　　由於壓縮器做出來的效果不容易判別，所以初學者往往會不小心壓得太多。這樣一來很可能喪失動態表現，損及素材的優點。因此，在熟練之前需要經過一些訓練。母帶後期處理時的使用方式將於 PART 3 說明，這裡要來介紹混音上的調控技巧。而混音時會用到壓縮器的素材，以鼓組、貝斯及人聲為代表。尤其是電貝斯容易出現聲音大小不均的狀況，因此加掛壓縮器的頻率算是很高。

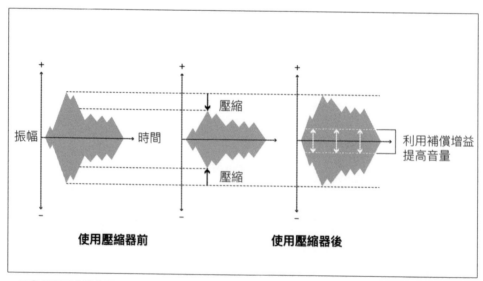

▲圖① 壓縮器的動作原理

壓縮器的基本效用

　　壓縮器的效用，簡而言之就是可以用來壓縮過大的音量。也就是能將「音量的大小差距＝動態範圍」縮小。而且，在壓縮過後也能全面提高素材的音量，從結果可以清楚聽見小聲的聲音（**圖①**）。

　　圖②是壓縮器配備的基本參數（parameter）及其動作原理的示意圖。當輸入到壓縮器中的音訊音量超過臨界值（Threshold）設定的數值時，機器就會按照壓縮比（Ratio）設定的比例來壓縮音量。而這個壓縮量便稱為增益衰減（Gain Reduction），可透過增益衰減指示表（Gain Reduction Meter／GR 表）監測。舉例來說，當電貝斯的聲音忽大忽小時，只要在臨界值上設定想統整的音量大小，並按照想要的壓縮程度來設定壓縮比，就能改善音量不均的情況。

　　由於是壓縮音量過大的聲音，因此壓縮過後就會騰出相對的空間，可將音量加到最大。此時便能利用補償增益（Make-Up Gain）提高整體的音量。

　　其他的重要參數還有「起音時間（Attack Time）」和「釋音時間（Release Time）」，這些參數將於後面說明。

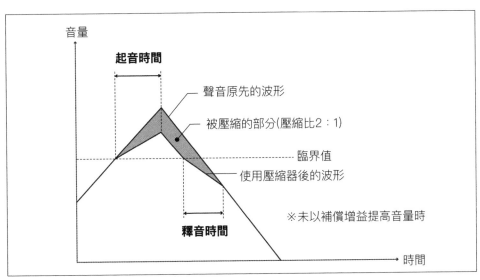

▲圖② 臨界值、壓縮比、起音時間、釋音時間的作用原理

起音時間

　　起音時間（Attack Time）是指壓縮器從聲音訊號超過臨界值後開始運作的瞬間起，直到聲音依壓縮比所設定的壓縮率被壓制為止的那段時間（參照前面的圖②）。並不是「自音訊超過臨界值起至壓縮器開始運作的時間」。

　　起音時間短（快）時，會感覺聲音一下就變小了，壓縮器的作用感很明顯。而起音時間長（慢）時，可能不太容易辨識聲音上的變化（圖③）。以下準備了試聽用的下載素材音檔。

- ●原音：01_original_loop.wav
- ●起音時間／100ms：02_attack_100ms.loop.wav
- ●起音時間／10ms：03_attack_10ms.loop.wav
- ●起音時間／1ms：04_attack_1ms.loop.wav
- ●起音時間／0.1ms：05_attack_01ms.loop.wav

　　當想要讓壓縮效果自然一點保留起音強勁俐落的質感時，一開始可以先將起音時間設長一點再慢慢縮短，找出聽起來不會不自然的設定。

　　此外，若將上述的原音音檔匯入 DAW 並將音量推桿推到 0dB，然後在該音檔上插入（insert）壓縮器，再將臨界值設在 -15dB，壓縮比設為 4：1，釋音時間調成 100ms，就可以按照上述做法在 DAW 中試調起音時間。

釋音時間

　　釋音時間（Release Time）是用來設定自輸入音訊的音量下降到臨界值瞬間，直到壓縮後的音量回到起始音量為止的那段時間的參數（參照前面圖②）。

　　釋音時間短時，壓縮動作會立刻解除並讓音量回到起始狀態，因而產生尾音較為凸出的效果。相反地，如果不想讓尾音太凸出的話，只要將釋音時間拉長（圖④）。調控技巧上一樣可以將釋音時間先設長一點，再慢慢縮短調整。

　　以下是釋音時間的試聽素材。素材收錄了小鼓（snare）和循環樂句（loop）兩種。若將壓縮器的臨界值設在 -15dB，壓縮比設為 4：1，起音時間調到 0.1ms 後加掛在原音上，就能調整釋音時間的設定，請務必試做看看。

下載素材

Cubase用
Cubase → 13
▶01_original_loop.wav～13_release_10ms. wav(僅有錄音音檔)

其他DAW用
Other_DAW → 13
▶01_original_loop.wav～13_release_10ms. wav

● 原音（小鼓）：06_original_snare.wav

● 釋音時間 / 1,000ms（小鼓）：07_release_1000ms_snare.wav

● 釋音時間 / 100ms（小鼓）：08_release_100ms_snare.wav

● 釋音時間 / 10ms（小鼓）：09_release_10ms_snare.wav

● 原音（循環樂句）：10_original_loop.wav

● 釋音時間 / 1,000ms（循環樂句）：11_release_1000ms_loop.wav

● 釋音時間 / 100ms（循環樂句）：12_release_100ms_loop.wav

● 釋音時間 / 10ms（循環樂句）：13_release_10ms_loop.wav

　　另外，釋音時間極端長時，有可能會讓下一個聲音訊號在壓縮動作還原之前就超過臨界點，導致壓縮器不斷持續運作。因此使用時要配合樂曲節奏與素材的音量變化，一邊監測增益衰減指示表（GR 表）的狀況，找出最適當的設定。

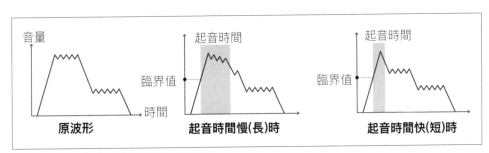

▲圖③ 起音時間在波形上製造變化的概念圖

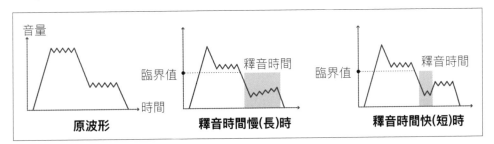

▲圖④ 釋音時間在波形上製造變化較為極端的概念圖

想做出激烈的效果時

嘗試極端的壓縮器設定

　　讀到這裡，有些人可能會問「既然要用壓縮器，那麼如何做出帥出天際的聲音呢？」。接下來就不負眾望來介紹一些方法。雖然與母帶後期處理的關係不大，不過若把它當做是一種學習動作原理的練習，想必會有趣許多。首先請聆聽比較以下的音檔。

● **14_original_sound.wav**

● **15_comp_sound.wav**

　　14_original_sound.wav 是原音，15_comp_sound.wav 是極端加掛壓縮器的聲音。雖然最大音量本身沒有改變，但音質卻出現激烈變化。尾音變得明亮，小的聲音也被凸顯出來，然而大的聲音也較為沉悶（**畫面①**）。

　　畫面②是壓縮器的設定畫面。只要匯入 14_original_sound.wav，然後將推桿推到 0dB 並插入（insert）壓縮器，再依照畫面②來設定，就能重現 15_comp_

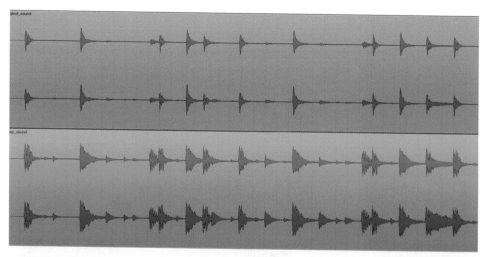

▲**畫面①** 上方是14_original_sound.wav 的波形，下方是15_comp_sound.wav的波形。從圖片就能看出聲音出現大幅度的變化

下載素材

sound.wav 的效果。

　　若將臨界值設至偏深的 -20dB，壓縮比 8：1，起音／釋音時間都調到最短，聲音就會變得極小。此時請把壓縮器切到旁路模式（Bypass），檢查原音音量和掛上壓縮器之後的差別。如果音量差了 13dB 的話，就把補償增益（Make-Up Gain）提高 13dB。理論上聲音會變成和 15_comp_sound.wav 一樣。只要好好運用這種設定，就能創作出個性十足的音色，因此請在其他素材上試做看看（可嘗試依不同素材調整臨界值的設定）。

學再多不如多練習！

　　再次強調，壓縮器這種效果器有時候會讓音質產生大幅度變動。除了設定上的差異以外，不同外掛式效果器（plug-ins）的音質也不一樣。因此也可以運用在各式各樣的音色創作上，是學問相當高深的效果器。覺得用得不太順手的話，不妨多方嘗試各種做法慢慢累積經驗。「學再多不如多練習！」正是壓縮器的最佳註解。

▲畫面② 15_comp_sound.wav 的壓縮器設定畫面。臨界值為 −20dB，壓縮比 8：1，起音／釋音時間都調到最短

14 立體聲混音音檔的匯出方法

基本上要匯出高音質音檔

升頻匯出亦是一種有效手段

混完音之後就可以進行立體聲混音音檔的匯出（Export ／ Bounce）作業。基本上只要沿用混音時的位元數（bit）和取樣頻率（sampling rate），匯成非壓縮檔格式即可。一般的編碼格式為 WAV。切勿因為要在網路上發表就匯成 MP3 等壓縮檔格式。若在此階段降低音質的話，會失去母帶後期處理的意義。

另外，在匯出立體聲混音音檔時，有時候也可以將 44.1kHz 混音格式升頻（upconverting）到 96kHz 等規格較高的取樣頻率。雖然立體聲混音的音質不會因此提升，不過還是有好處。當母帶後期處理使用的外掛式效果器支援 32bit 或 96kHz 以上的規格時，就能提高效果器設定的精準度，讓最終成品展現出差異（圖①）。當然，這種做法還是無法超越以高位元數／高取樣頻率錄音或混音的成果。但是，同時使用太多音軌或外掛式效果器，可能會過度占用電腦資

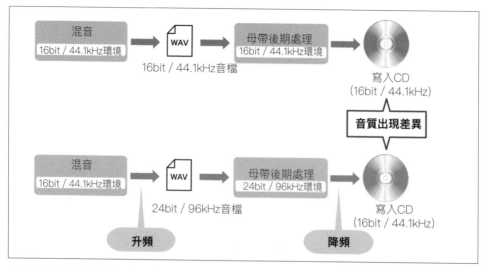

▲圖① 上方是從混音到寫入 CD 皆以 16bit ／ 44.1kHz 規格展開作業的情況。下方則是在匯出時提高立體聲混音規格的情況。有時候可能會因外掛式效果器的支援格式 (精準度) 使最終音質出現差異

源。然而母帶後期處理只會處理一條音軌，而且不會用到太多外掛式效果器，因此設成高規格的位元數／取樣頻率也沒問題。對母帶後期處理的音質不太滿意的話，可以嘗試將立體聲混音升頻成較高規格。

匯出時的注意事項

在匯出立體聲混音音檔時，請讓音檔中的聲音在開始前與結束後都設有數秒鐘的留白（無聲部分）（**畫面①**）。這是為了方便母帶後期處理時調整樂曲間隔等作業。

另外，匯出前請將加掛在主音軌（Master Channel）上的所有儀表類的外掛式效果器關掉。儘管機率很低，不過偶爾還是會發生因電腦不堪負荷而導致立體聲混音音軌出現雜訊的情況。

除此之外，在匯好的立體聲混音音軌的檔名加上「pre_master」，以表示這是還沒進行母帶後期處理的立體聲混音檔，這樣不僅一目了然，之後也比較容易整理，還能防止弄錯檔案的意外發生。

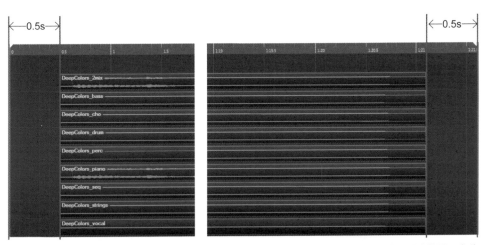

▲畫面① 這是立體聲混音音檔在匯出時的開頭和尾端的部分。畫面上方的三角形記號是匯出範圍。在此設定中，樂曲在開始前有0.5秒、結束後也有0.5秒的空白

限幅器的活用方法

什麼是「破音」

　　匯出立體聲混音音檔時，也要留意主輸出（Master Output）是否出現破音狀況。「破音（clipping）」是指音訊音量即將突破0dB時的「紅燈警示」狀態。如同 chapter 06（P49）也提到，數位音訊在超過0dBFS之後便無法記錄。類比的錄音裝置是將0dB設定為「聲音開始失真破音的基準」，實際上即使超過0dB依然可以記錄音訊。因此，以往就算稍微超過0dB，只要聽不出破音，通常都會被視為「沒問題」。然而在數位環境中就不能這麼做了。當數位音訊的波形撞到0dB的高牆，讓資訊持續以最大音量的狀態存在時，就容易出現刺耳的失真破音（**圖①**）。

　　不過，近年許多DAW在規格上已經做到可以讓輕微破音聽不出是雜訊，所以儘管出現破音，也未必失格。話雖如此，不讓聲音超過0dBFS是處理數

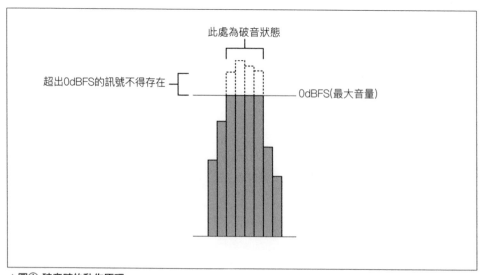

▲圖① 破音時的動作原理

位音訊的基本原則，也或許只是因為監聽系統不夠精確，所以才沒有發現而已。無論如何，還是別讓峰值表頭（Peak Meter）超過 0dB。

最後一定要用耳朵確認狀態

雖說「音量不要超過 0dB」，但在 chapter 10 的原聲類型混音及 chapter 11 的無人聲類型混音中也有說過，在不同的 DAW 處理聲音時，1dB 的差距有時也可能導致主音軌的峰值超出 0dB。基本上，此時的對策是重新調整平衡表現，而筆者則會利用限幅器（limiter）壓制超出的音量。如果只有些微音量越線，而且只是一瞬間的話，運用限幅器就能在平衡表現維持不動的狀態下避免破音。

外掛式的限幅器可以事先預測超出 0dB 的訊號，將超出的音量壓制到設定的界線。基本做法上會預先將限幅器的輸出上限（Output）設在 -0.1dB，這樣就能避免破音（圖②）。然而若是音量壓過頭，或有大得離譜的訊號進入時，即便用了限幅器，還是有可能出現聲音失真的情形。因此最後一定要用耳朵確認是否有雜訊。

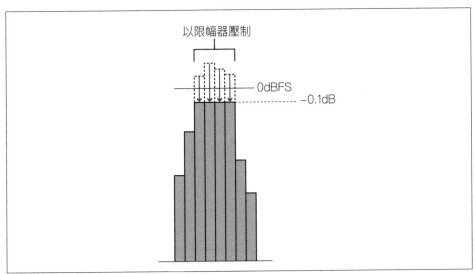

▲圖② 將限幅器的輸出上限設為 –0.1dB 時的限幅器動作示意圖

◯ COLUMN

音壓參考作品②

《音樂無極限》
(POSSIBITIES)
賀比・漢考克(Herbie Hancock)

《4×4＝12》
鼠來寶(deadmau5)

●**跨越領域的音壓平衡感**

　　爵士鋼琴界的巨匠賀比・漢考克和約翰・梅爾(John Mayer)、山塔那(SANTANA)、史汀(Sting)等眾多才華洋溢的音樂人跨界合作的專輯作品 融合搖滾 流行音樂及爵士元素，曲風十分多元。製作跨界音樂一定要參考的範本。RMS表中顯示的數值雖然不高，然而或許是混音拿捏得相當絕妙的緣故，有些樂曲的音壓感做得非常飽滿。

●**重視聆聽感受的母帶後期處理**

　　混音、母帶後期處理的動態空間都很充裕，是一張具有當代風格且抑揚頓挫十足的電子舞曲專輯。整張專輯想必是以聽覺上的音壓來調整，RMS值和波形看似參差不齊，然而成品聽起來卻沒有那種感覺。專輯的第五首歌曲〈animal rights〉讓峰值停在略低於−2dB，預留了一些操作空間，並沒有勉強提高音壓，和前後的樂曲十分協調。

PART **3**

不同樂曲類型的母帶後期處理

PART3 要來實際操作母帶後期處理。在 PART2 混完音的四種類型樂曲將做為素材使用，當然各位也可以使用自己的混音素材。

▶針對Cubase用戶

各 chapter 的專案檔裡含有多首樂曲。請參照本文的錄音音檔檔名並單獨播放相應的音軌。因應解說的過程準備了各式各樣的專案檔，各專案檔也已掛載效果器，可切換到旁路模式比對各階段的說明。

▶針對其他DAW用戶

資料夾「18」中的檔案是尚未進行母帶後期處理的立體聲混音音軌，如下列所示。chapter 19 ～ 21 的各資料夾裡僅有已完成母帶後期處理的音檔，想和處理前的狀態比較時，可參照下列音軌。

● 01_DeepColors_2mix.wav
● 02_Alternate_2mix_normal.wav
● 03_Alternate_2mix_loud.wav
● 04_FamigliaTrueman_2mix.wav
● 05_Captured_2mix.wav

chapter 15

建立母帶後期處理專用的 DAW 專案檔

專案檔要分成混音專用和母帶後期處理專用

新增專案檔

將立體聲混音音檔匯出並將混音專用的專案檔（project files）存檔後，下一步就是新增母帶後期處理專用的專案檔。若是母帶後期處理只會處理一首歌，可以直接使用混音時的專案檔，但如果是處理多首樂曲，或是在母帶後期處理發現問題而得返回混音階段時，情況就會變得很繁瑣。所以最好建立新的專案檔。

專案檔的位元數（bit）和取樣頻率（sampling rate）要對應混音時匯出的立體聲混音檔來設定。有些 DAW 會自動更換錄音音檔（audio files）的取樣頻率，請留意不要搞錯了。下載素材的「Other_DAW」（其他 DAW 用戶專用）中的錄音音檔基本上都是以 16bit ／ 44.1kHz 規格做成。使用 chapter 08 ～ 11 中的混音素材並自己混成立體聲混音音檔的讀者，在以高位元／高取樣頻率的規

▲畫面① 在 Cubase 中新增母帶後期處理專用的專案檔後，匯入立體聲混音檔的畫面。音量推桿位置在 0dB，母帶後期處理過程中也不會動到推桿

格匯出後，也可以配合該規格來建立母帶後期處理的專用專案檔。而且還能和 16bit／44.1kHz 的立體聲混音素材比較效果器的效果是否有差異，想必很有意思。

在主音軌上插入 RMS 表

　　新專案檔建立完畢之後，要將立體聲混音檔匯入音軌。音量推桿的位置在 0dB。母帶後期處理並不會碰到推桿（**畫面①**）。另外，為了調整音壓，要在主音軌（Master Track）上插入（insert）RMS 表。本書使用的是筆者常使用的 UNIVERSAL AUDIO UAD 系列的外掛式效果器 Precision Limiter 所搭載的 RMS 表（**畫面②**），也可以使用 DAW 內建的音量儀表或其他產品。而 RMS 表的種類繁多，建議盡量選擇可以仔細監測音量的類型。軟體視窗太小或刻度太大都不利於細節上的調整，請多加注意。

　　母帶後期處理不太需要大聲播放聲音，主要以微調作業為主，因此需要集中精神，最好選在安靜的環境中進行。為了確認聲音定位與低頻的狀況，也要準備耳機。

▲畫面② 本書使用的音量儀表是外掛式限幅器UNIVERSAL AUDIO Precision Limiter。不當限幅器使用，僅用來當做RMS表

chapter 16

準備用來比對音壓和音質的參考樂曲

∷ 目標是建立具體的概念

音壓與音質百百種

　　和混音時一樣，母帶後期處理也需要具備具體的概念。本書的開頭也有提到，響度戰爭現已逐漸平息，如何做出符合樂曲理念的母帶後期處理才是重點。可是，對於母帶後期處理的初學者來說要想像作品的最終模樣，的確不太容易。因此，在處理音壓或音質的同時，建議也聽聽看各種風格的樂曲。在聽過不同音樂人、或國內外各類作品之後，或許各位會對音壓或音質上的差異大感意外。只要先試著掌握大致方向，再進一步針對某位音樂人的作品，應該就能慢慢聽出創作者在母帶後期處理上的觀點。並且從中選出自己認為理想的作品，把它當做參考樂曲。

用耳朵和波形來確認

　　找到幾首喜歡的參考樂曲後，就把它們存入電腦。這時不要使用壓縮成MP3 或 AAC 檔的作品，要從 CD 轉成數位音檔（ripping）。MP3 等壓縮檔的音質已經和原始音質不同，而在類比裝置上讀取 CD 的話，音量上很可能會出現落差。

　　轉檔完成的樂曲就可以匯入 DAW 中逐一播放來確認波形，應該會發現波形幅度也各自有別。波形幅度大時，音量當然也大。當幅度過大導致波形的高低起伏變形狀似薄片時，通常代表音壓加過頭了。這完全符合 chapter 01（P14）的海苔狀波形。相反地，母帶後期處理得宜的樂曲，其波形大多保有一定程度的鋸齒狀。

　　除此之外，以風格沉靜且聲音數量少的樂曲為例，當波形幅度大到一定程度時，素材各自的聲音聽起來往往比表面大。另一方面，在搖滾樂或電子舞曲、流行歌曲等聲音素材多的樂曲中，有些即使波形幅度大到某種程度，也還

是感覺不到音壓。這是因為使用的樂器的頻率範圍、演奏方式，以及混音方向等各種要素彼此交互作用的關係，所以才會造成這些差異。因此，聆聽的同時也要嘗試分析看看。一邊聽聲音一邊想像波形的樣貌，也是一種很有效的訓練。

最後要監測 RMS 表

　　接下來請各自確認自己認為音壓做得十分理想的樂曲，其音壓在 RMS 表中的數值有多大。筆者覺得 RMS 表頭在 -10dB 上下跑動的樂曲，擁有最剛好的音壓。RMS 表頭看似要超過 -6dB 時，就會覺得音壓有點太大。要是仔細聆聽這類樂曲，有些也有動態表現盡失，或聲音破掉失真的情況（**畫面①**）。

　　因此要請各位用耳朵、用波形及 RMS 表來確認各類樂曲的狀況。只要反覆進行這項作業，就能訓練母帶後期處理必備的感受能力，進而勾勒出理想作品的藍圖。尤其是音樂製作的初學者，從結果而言，音樂製作的捷徑不在於馬上著手進行母帶後期處理，而是必須先大量聆聽參考樂曲。

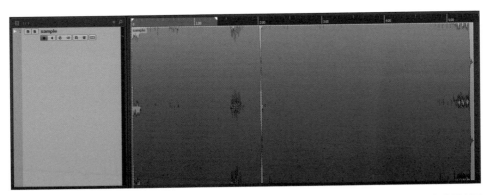

▲畫面① RMS 表頭超出 -6dB 的樂曲波形。當然，有些作品是刻意做出激烈的破音，不過沒有這種企圖的話，還是盡可能避開這種波形比較妥當

依樂曲類別尋找參考樂曲

接下來要詳細說明如何按照樂曲類別來尋找參考樂曲。

●人聲類型

請找出人聲與背景音樂之間的關係和自己的混音風格相近的歌曲。即便是已經聽到很熟爛的歌曲，只要認真聽，或許會發現人聲其實意外地大聲或小聲。慢慢掌握這種感覺之後，母帶後期處理也就能更順利。

●電子樂類型（電子舞曲）

對電子舞曲類的樂曲而言，低音至關重要，因此要選擇低音表現扎實的作品。在確認聲音時，除了用監聽喇叭以外，也別忘了要在耳機中確認聲音的狀況。此外，高音的穿透力也很重要。即使低音和高音都比中音稍微鮮明也沒關係，還是有參考價值。

●原聲類型

以原聲樂器為主的樂曲，可以選擇能夠感受到樂器間的空間這類高傳真（Hi-Fi）風格的樂曲做為參考。低音或高音宛轉悠揚的樂曲會比較合適。

●無人聲類型

當有做為主奏的樂器時，只要把它想成是人聲類型中的人聲即可。然後，低音到高音的表現都十分均衡的樂曲比較適合做為參考。此外，chapter 11（P94）中的搖滾風格的混音作品，其動態表現容易因音壓提高而喪失，這點請先留意。

其他方面，參考用的樂曲要盡量選擇新一點的作品。90 年代前期的曲子當中，很多音壓都很低，大多不太適合現代母帶後期處理的風格（做為混音時的參考則沒問題）。此外，參考樂曲僅是做為指南，不需要完全複製貼上。目標是要加以吸收參考樂曲中值得學習的部分，直到能做出自己專屬的母帶後期處理的風格。

別忘了準備紙筆做筆記

在母帶後期處理進行的當下試聽比較聲音時，若是只處理一首歌，要把進行母帶後期處理的樂曲和參考樂曲放在不同音軌中，並利用單獨播放（SOLO）按鈕即時切換樂曲（**畫面②**）。

此外，仔細聆聽比較母帶後期處理的樂曲與參考樂曲各自在低音／中音／高音上的狀態也很重要。由於音壓在最後階段才會加以整合，所以不用執意要在母帶後期處理初期階段處理。

當進行專輯製作等必須處理多首樂曲的母帶後期處理時，只要針對專輯中的主打歌或第一首歌來準備參考樂曲即可。先進行主要樂曲的母帶後期處理，其他曲子之後再以此類推，不需要幫所有歌曲都準備參考樂曲。不過，要是樂曲的風格落差很大，還是可以準備相應的參考樂曲。

另外，要立刻將試聽比較時注意到的重點寫下來。母帶後期處理非常重視客觀性，做筆記能幫助整合作業。因此，請備妥筆記用的紙筆。

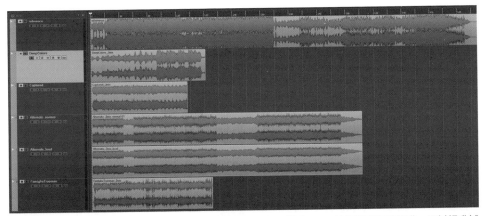

▲畫面② 最上方是參考樂曲，其下是母帶後期處理的樂曲。利用SOLO按鈕即時切換樂曲，可以提升試聽比較時的精準度

chapter **17** 活用頻譜分析

::::: **將聲音的頻率響應視覺化的便利工具**

什麼是頻譜分析？

　　「頻譜分析」是一種利用圖表將聲音頻率的特性（頻率響應，frequency response）視覺化呈現的儀表，正式名稱為「頻譜分析儀（Spectrum Analyzer）。

　　DAW 大多內建各種型態的頻譜分析，各位可以到自己的操作環境中確認看看。

　　Cubase 則是可以在音軌通道條（Channel Strip）的等化器（equalizer，EQ）中顯示頻譜分析（在初始設定下）。輸入後的音訊的頻率響應為淺綠色圖表，經過 EQ 處理的頻率響應是深綠色圖表，而且兩者能同時顯示，所以可以即時確認頻率經過 EQ 處理後會產生什麼變化，在進行混音和母帶後期處理時非常受用。

　　另外，內建的外掛式等化器 Studio EQ 也是如此，只要啟動「Spectrum」，輸入音訊的頻率響應圖表就會以灰色顯示，經 EQ 處理後的圖表則是紅色。而

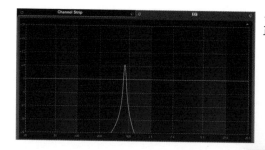

◀畫面① 頻譜分析的顯示範例。放出440Hz的正弦波時，呈現440Hz處音量向上飆升的曲線

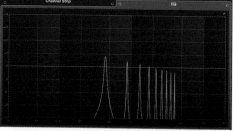

▶畫面② 440Hz的鋸齒波在頻譜分析中的顯示範例。可以看到比440Hz高的頻段中也出現波峰。這幾處就是泛音

另一個內建的外掛式頻譜分析儀MultiScope，則是可將頻譜分析以直條圖顯示。

試用頻譜分析

　　接著，我們實際來看頻率在頻譜分析中會呈現什麼狀態。**畫面①**是配備在 Cubase 的音軌通道條中的 EQ 所顯示的頻譜分析。這條音軌上先插入（insert）了 Cubase 內建的測試產生器 TestGenerator（可以生成測試用訊號的外掛式效果器）來發出 440Hz 的正弦波（sine wave）。其他的 DAW 有些也有配備和 TestGenerator 相同功能的外掛式效果器，請自行確認。

　　回頭來看畫面①，由於正弦波不含泛音（harmonics ／ overtone），因此在頻譜分析中可以看到 440Hz 處呈現一枝獨秀的狀態。

　　畫面②則是鋸齒波（saw wave）、**畫面③**是方波（square wave）、**畫面④**為三角波（triangle wave），各圖分別顯示出以不同波形發出 440Hz 的狀態。這三張圖就能看出泛音等聲音的組成成分。

　　由此可見，頻譜分析是可將頻率分布範圍的音量視覺化、相當方便的工具。例如，當覺得某個特定頻帶有點吵時，就可以到頻譜分析中找出音量大得不自然的地方，然後針對該處進行 EQ 之類的處理。或是檢查貝斯的頻譜分析，也許能找出光靠耳朵無法聽出來的超低頻聲。

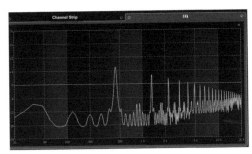

◀畫面③ 440Hz 的方波在頻譜分析中的顯示範例

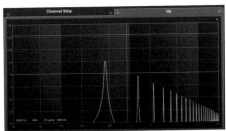

▶畫面④ 440Hz 的三角波在頻譜分析中的顯示範例

使用時的注意事項

　　由此可知，頻譜分析在檢視頻率的平衡表現時非常好用，但不可過度依賴。舉例來說，若將鋼琴某段以高音為主的樂句放到頻譜分析中檢視的話，高音有時候會像**畫面⑤**那樣，表現不如預期。

　　另外，在頻譜分析中檢視低音感強烈的大鼓便會得到**畫面⑥**的結果，可知當中其實也含有高頻的能量。這表示，頻譜分析的顯示結果未必和聽覺一致。

　　而且，如同 P52 提到，當音量減弱時，人耳對低音和高音的敏感度也會降低。因此，即便頻譜分析的圖表呈現出水平的均衡狀態，然而若以小音量監聽的話，還是有可能無法像頻譜分析顯示出的那樣，感受到低音和高音的表現。因此，在頻譜分析監測聲音時，也必須將人耳的聽覺特性考慮進去。

有助於聲音調整前後的確認

　　除了針對單一音軌，頻譜分析在檢視整首樂曲（立體聲混音）的頻率響應

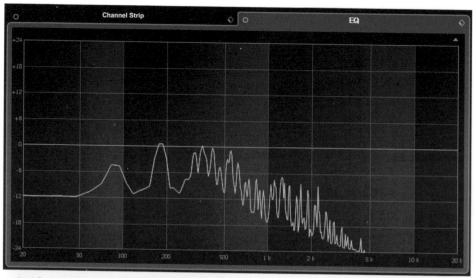

▲畫面⑤ 將鋼琴的高音樂句放在頻譜分析中檢視的狀態。500Hz 以上的頻段音量逐漸減小，5kHz 以上則幾乎沒有顯示出來。然而聽覺上卻不覺得高音有這麼弱

時也能大展身手。不過如同前段所述，若是完全相信表面上的結果，就容易被誤導。

　　一般而言，好的混音作品的頻率響應，是指從低頻到高頻皆呈現一片平坦的狀態。然而，以鋼琴等樂器為主的歌曲，有時候高音的能量會變得相當低。這時的頻譜分析也會呈現出高音減弱的情形。不過，這並不代表這首歌的高音聽起來一定比其他樂曲弱。這點就和畫面⑤的鋼琴樂句例子一樣。

　　綜合上述說明，建議實際操作時，首先得要相信自己的耳朵，重視聽覺上的平衡表現，並以其為優先，然後再利用頻譜分析確認頻率響應的變化，慢慢調整平衡表現會比較理想。尤其是聽覺上不容易發現的低頻，便可以利用頻譜分析來確認。

　　此外，母帶後期處理並不樂見頻率響應因經過 EQ 或壓縮器處理而出現太大的落差。就這點而言，頻譜分析也可以做為聲音在調整前後的監控工具。因此，進行作業時若能分別善用耳朵和頻譜分析，成品精緻程度一定能更上一層樓。

▲畫面⑥ 大鼓的頻譜分析範例。一眼就能看出低頻的能量很大，不過高頻也展現出能量

18 一開始要先「粗略地」補強音壓

:::: 利用限幅器提高音壓

先輕鬆嘗試一下

從參考樂曲中掌握到樂曲最終的理想形象之後，就可以先大略地提高音壓。RMS 的目標值會放在 -10dB 上下，而這個階段先「粗略」作業就好。所以可帶著輕鬆的心情「先試試看音壓能提高到什麼程度」。

提高音壓最簡單的方式就是使用限幅器（limiter），而且對混音平衡表現造成的影響也小。至於限幅器的種類，使用 DAW 內建的即可。請先匯入要進行母帶後期處理的樂曲，然後在該音軌上插入（insert）限幅器。本書使用的是 Cabase 內建的限幅器「Limiter」（**畫面①**）。另外，不同的外掛式效果器（plug-ins），音質多少有些差異。比較熟悉操作之後，也可以試試第三方軟體廠商開發的產品，找尋自己喜歡的限幅器音質也是一個有趣的過程。

嘗試轉高輸入旋鈕

接著來看在 chapter 08 ～ 11 做好的立體聲混音素材，各自在音壓上的變化。首先請將下列的音檔匯入 DAW 中（Cubase 專案檔已匯進 18.cpr 中）。

● 人聲類型：01_DeepColors_2mix.wav
● 電子樂類型的正常混音：02_Alternate_2mix_normal.wav
● 電子樂類型的強力混音：03_Alternate_2mix_loud.wav
● 原聲類型：04_FamigliaTrueman_2mix.wav
● 無人聲類型：05_Captured_2mix.wav

在 DAW 中匯入立體聲混音音檔後，要將限幅器的輸入旋鈕（Input）轉大，讓RMS 值跑到 -10dB 左右以提高音壓。此時，有些樂曲的音壓感會大幅度變動，有些則不會。這樣可以練習如何憑感覺掌握提升音壓，能否分辨差異是母帶後期處理的關鍵。

從 P132 起會依樂曲類型解說提升音壓的方法，不過有的限幅器不是透過輸

入旋鈕來調整音壓,而是以臨界值(Threshold)來調整。如果是這種類型,只要調低臨界值,音壓就會提高,請一面監測 RMS 值一面調節。而輸入旋鈕和臨界值以外的參數都是相通。個別的說明與設定,請參照下面內容。

●**輸出旋鈕(Output):–0.1dB**

設定輸出音量的參數。為防止聲音破音(clipping),母帶後期處理時設為 -0.1dB。

●**輸出上限(Ceiling):–0.1dB**

有些限幅器的輸出音量會標示成輸出上限「Ceiling」,而非輸出旋鈕「Output」。由於功能和輸出旋鈕相同,因此先設為 -0.1dB。

●**釋音時間(Release):最小值～ 1ms 左右**

由於此參數在不同類型的限幅器中,即使都設成相同數值,還是有可能讓音質出現變化,所以並無固定的設定值。而在母帶後期處理時,偏短的釋音時間通常能做出自然的聲音。在 Cubase 內建的限幅器「Limiter」中則是設成最小值 0.1ms。

◀畫面① 本書使用的限幅器是 Cubase 內建的 Limiter

人聲類型　　　　　　　　　素材● 01_DeepColors2mix.wav

　　在這首歌曲中，前半部的主歌與後半部的副歌在音量上的差異頗大。因此，副歌部分要將限幅器的輸入旋鈕轉大，讓 RMS 值跑到 -10dB 上下。以「Limiter」為例，調高 3dB 左右，RMS 值就會跑到 -10dB 附近（**畫面②**）。01a_DeepColors_limiter.wav ／ 18a_limiter.cpr 是音壓調高後的範例。和 01_DeepColors_2mix.wav 相比，音壓在這個時候聽起來已經很飽和了（Cubase 專案檔請將 Limiter 切換到旁路模式〔Bypass〕聆聽比較）。

　　此外，作業中要將 Limiter 切換到旁路模式，聽一聽和原音的差別，確認人聲的平衡表現。副歌歌聲開始出現的部分尤其需要確認。如果用了限幅器之後人聲就變大聲的話，建議要重新混音。若以限幅器提高 3dB 還是感覺不到音壓時，請參考 chapter 08（P66）重新混音。

◀畫面② 人聲類型的限幅器設定。輸入旋鈕調高了 3dB

下載素材　　▶18a_limiter.cpr

 Other_DAW → 18
▶01a_DeepColors_limiter.wav
▶02a_Alternate_normal_limiter.wav
▶03a_Alternate_loud_limiter.wav

電子樂類型　素材● 02_Alternate_2mix_normal.wav ／ 03_Alternate_2mix_loud.wav

　　以電子樂類型的電子舞曲來說，大鼓和貝斯這種能量高的低音素材都定位在正中央的緣故，因此會對 RMS 值帶來莫大的影響。所以提高音壓時也要留意低音的狀況。

　　首先來看 02a_Alternate_normal_limiter.wav ／ 18a_limiter.cpr，此為提高正常混音（normal mixing）的音壓範例。限幅器的輸入旋鈕轉大至 5dB 左右後，RMS 值就上升到 -10dB 附近（**畫面③**）。另一方面，強力混音（loud mix）則如**畫面④**所示，在提高 5dB 的輸入音量後，RMS 值也升到 -10dB（03a_Alternate_loud_limiter.wav ／ 18a_limiter.cpr）。不過，強力混音的音壓似乎還有提高的空間，這是因為在混音時，大鼓以外的素材都以旁鏈模式（side-chain）加掛了壓縮器。在正常混音之下，大鼓聲只是和其他素材的聲音交疊在一起而已，但是在強力混音的狀態中，當大鼓聲出現時，其他素材因掛上壓縮器而被往下壓縮，所以才會比正常混音多出一些提高音壓的空間。然而有時候需要考慮專輯收錄上的整體性，因此在衡量和其他樂曲之間的音壓差距之下，筆者認為這個音壓大小比較理想。在設定音壓時，作品的發表形式等因素也要考慮進去。

▲畫面③ 正常混音的限幅器設定。輸入旋鈕調高了 5dB

▲畫面④ 強力混音的限幅器設定。輸入旋鈕調高了 5dB

原聲類型　　　　　　　　　　　　素材● 04_FamigliaTrueman_2mix.wav

　　如**畫面⑤**所示，若將限幅器的輸入旋鈕調高至 7dB 左右，應該就能讓 RMS 值升到 -10dB。聲音則可以在 04a_FamigliaTrueman_limiter.wav ／ 18a_limiter.cpr 中確認，聽過之後可能會覺得音壓在這個動態表現之下好像還可以提高一點。不過，音量提高 7dB 的狀態已經讓音壓聽起來比無人聲類型或電子樂類型大很多。因此，如果要考慮和專輯中其他樂曲之間的平衡，就得小心別加過頭。請務必和有提高音壓的樂曲比較一下音壓感上的差別。

　　這首曲子之所以容易提高音壓，是因為混音時的 RMS 值很低的緣故。另外，也因為音量有時候會在一瞬間衝到 0dB 左右的高峰，峰值表（Peak Meter）自然就會跑到 0dB 附近，不過音量衝到高峰的狀態並非連續性，所以可以用限幅器控制，也就比較容易把音量小的聲音做得大聲一點（**畫面⑥**）。

　　但是，這並不表示聲音大就一定好，音壓提升過頭，有時候會讓聲音在不知不覺中失真破掉，因此要用耳朵來判斷音壓感是否恰當。

▲畫面⑤ 原聲類型的限幅器設定。輸入旋鈕調高了 7dB

▼畫面⑥ 原聲類型加掛限幅器之前的波形（局部）。波形呈現鮮明的起伏，上下高低的動態空間也很充裕

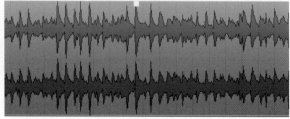

下載素材

Cubase → 18

▶ 18a_limiter.cpr

 Other_DAW → 18

▶ 04a_FamigliaTrueman_limiter.wav
▶ 05a_Captured_limiter.wav

無人聲類型

素材● 05_Captured_2mix.wav

這首樂曲掛上限幅器的 RMS 目標值是設在 -10dB。05a_Captured_limiter.wav ／ 18a_limiter.cpr 則是筆者製作的範例。此處將輸入旋鈕調高 6dB 左右（**畫面 ⑦**）。試聽比較一下這首和 P132 的人聲類型有什麼差別，就會發現人聲類型還有提高音壓的空間，而無人聲類型感覺上有點飽和。

其原因只要比較這兩首立體聲混音的原波形就能推斷出來（**畫面⑧**）。人聲類型的波形雖然整體幅度很大，但高低起伏卻比無人聲類型明顯。可想而知，只要先壓制住幅度大的波形（＝音量），再將整體音量提高，就能保有提高音壓的空間。

另一方面，無人聲類型的波形整體幅度乍看之下比人聲類型的副歌部分小，波形的高低起伏也沒有差太多，看似容易提高音壓。然而，這首樂曲的各素材音量幾乎相等，彼此重疊後會形成起伏不明顯的波形，加掛限幅器則會讓音量整體變大，而且要是加過頭使得波形變形，聲音聽起來就會有失真的感覺。如果限幅器壓得更深一點，導致波形的高低起伏變得更小，聲音就會整個走樣。這便是「飽和感」的真相。這種無人聲類型樂曲的聲音素材只要一多，聲音就會如管風琴連綿不斷的延音那樣把縫隙都填滿，所以很容易呈現出飽和的狀態。像這樣先理解聲音的物理特性，對母帶後期處理來說也很重要。

▲畫面⑦ 無人聲類型的限幅器設定。輸入旋鈕調高了 6dB

▼畫面⑧ 上方是人聲類型副歌部分的波形，下方是無人聲類型的波形。從畫面可知人聲類型的波形呈現鮮明的高低起伏。相較之下，無人聲類型的音量大小幾乎保持在均等的狀態，而且有多處瞬間上衝的高峰

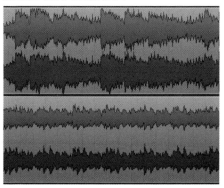

利用壓縮器提高音壓

稍微提高音壓的設定

壓縮器和限幅器的動作原理相似，因此也可以利用壓縮器這種效果器來提高音壓。想要稍微提高一點音壓感，或是想利用壓縮器本身音質上的個性等，這個手法就很有效，尤其適合樂團類型或電子樂類型的音樂。不過，和限幅器相比，壓縮器的參數較多、自由發揮的空間大，卻也相對不易操作，有可能會破壞精心調好的混音平衡，因此要小心處理。

那麼，首先來嘗試稍微調整人聲類型的音壓設定，範例為 01_DeepColors_2 mix.wav。起音時間（Attack Time）設在 1ms 前後，釋音時間（Release Time）設在偏慢的 100ms，壓縮比（Ratio）為 3：1，以增益衰減（Gain Reduction）3.5dB 左右來調整臨界值（Threshold）。補償增益（Make-Up Gain）的補償量則是相對於增益衰減的壓縮量（**畫面①**）。01b_DeepColors_comp.wav ／ 18b_comp. cpr 即是加掛壓縮器的聲音。音壓提高後的感覺很自然。

▲畫面① 01b_DeepColors_comp.wav 的壓縮器設定畫面。音壓感已有某種程度的樂曲，若要再以壓縮器提高整體音壓的話，就要把起音和釋音時間都設到最短，否則容易產生破音，請多加注意

另外，由於此設定無法像限幅器那樣將音量完全壓下來，要小心破音（clipping）。當快要破音時，也可以在壓縮器後面插入（insert）限幅器，然後利用chapter 14（P117）說明的方式處理。起音時間、釋音時間、增益衰減的設定會隨樂曲而改變。請找出不會破壞混音平衡的設定值。

積極表現壓縮器特色的活用法

想要積極發揮壓縮器的個性時，可以試著將起音／釋音時間調到最短，壓縮比也盡可能設成最大值。臨界值則是讓增益衰減量達到5dB左右，然後將補償增益提高到7dB左右。

畫面②即是以無人聲類型的05_Captured_2mix.wav試做的設定結果。05b_Captured_comp.wav／18b_comp.cpr則是完成後的聲音，應該能聽出音壓有提高到一定程度，而且聲音明顯有加掛壓縮器。想利用壓縮器本身的音質來點綴樂曲時，運用此設定就能得到不錯的效果。此外，這個壓縮器設定可能會產生幾處破音，因此要在壓縮器後面插入（insert）限幅器以防止破音。

▲畫面② 05b_Captured_comp.wav的壓縮器設定畫面。臨界值為−10dB，壓縮比為8：1，補償增益為7dB

利用多頻段壓縮器提高音壓

操作方式類似 EQ 的壓縮器

　　壓縮器當中還有一種可針對不同頻段進行壓縮的類型，稱為多頻段壓縮器（multiband compressor）。這種壓縮器在處理上通常分成 3 或 4 個頻率區間，而且大多數都能自訂各區間的頻段。也就是說，這種壓縮器的操作類似 EQ，只要用對方法，提高音壓的效果會比一般的壓縮器好，最終涵蓋的頻率範圍也會更廣泛。舉人聲類型的樂曲來說，母帶後期處理階段有時候會遇到中頻過於飽和的狀況，這時就可以將低頻和高頻壓深一點來提高音壓，中頻則不壓縮，藉以調整平衡表現。

利用三個頻段區間的多頻段壓縮器試做

　　那麼就來實際操作多頻段壓縮器。首先，頻段設為三個區間會比較容易操作。而區間大小會隨樂曲而定，不過將低頻上限設在 150Hz ～ 200Hz、高頻的下限則在 5kHz 左右的話，聲音會比較容易整理。這裡要利用電子樂類型中的正常混音音檔「02_Alternate_2mix_normal.wav」來試做。多頻段壓縮器則是使用 Cubase 內建的 multibandcompressor。

　　由於這首曲子的低頻和中頻有很明顯的音量感，因此兩頻段在壓縮時的臨界值皆設在 -13dB，壓縮比為 4：1，補償增益則是低頻提高 6dB、中頻提高 5.1dB。另外，為避免失去大鼓的敲擊聲或力道，低頻的起音時間設成偏長的 40ms，中頻則想充分壓縮，因此起音時間設在最短的 1ms。釋音時間則是兩者相同，雖然調短一點的效果比較自然，不過這裡選用了自動模式（AUTO）。高頻（5 ～ 18kHz）的臨界值則是 -13.2dB，壓縮比設在比中頻淺一點的 3：1，起音時間是最短的 1ms，釋音時間為自動模式、增益（Gain）調至稍微偏大的 6dB，就能做出低音、高音都很鮮明的聲音。18kHz 以上的超高頻則是經筆者判斷不會對這次的聲音造成太大影響，因此直接以旁路模式（Bypass）處理（**畫面①**）。02c_Alter-

nate_normal_multicomp.wav ／ 18c_multicomp.cpr 是經過多頻段壓縮器處理的聲音。

　　另外，如果各頻段設有單獨播放（SOLO）按鈕的話，想確認個別的壓縮效果時就可以多加運用。而不含限幅器功能的機種，記得要另外在多頻段壓縮器後面插入（insert）限幅器來防止破音。此處已插入「Limiter」。

◄畫面① 02c_Alternate_n-ormal_multicomp.wav 的 多頻段壓縮器設定。在三個頻段區間當中，中頻設定在200Hz～5kHz，並壓縮低頻和中頻以凸顯兩者

19 利用 EQ 調整音質的重點在於低頻和高頻

⠿ 為何需要EQ調節？

留心低頻和高頻在聽覺上的表現

利用 chpater18（P130）說明的方式以限幅器提高音壓，應該可以做出一定程度的音壓感。接下來請各位比較一下音壓提高後的立體聲混音和參考樂曲之間的差別。此時建議最好降低監聽音量，或利用耳機、多組喇叭來檢視聲音。是否會覺得音壓感確實比較接近理想了，但高音的穿透力不佳，低音的力道也不太足夠？而且這些情況在監聽音量小的狀態下應該會特別明顯。

這並不是因為混音做得不好。況且，在監聽音量大的狀態下，大概就不會覺得穿透力或力道不足了。為什麼會出現這種情形呢？請回想一下 chapter 06（P48）中說明過的音壓和頻率之間的關係。人耳對低頻和高頻的敏感度比中頻低，而在已提高音壓的立體聲混音中，中頻聽起來會更鮮明，因此才會讓高頻的穿透力或低頻的力道相對沒那麼明顯。

◀畫面① EQ要掛在限幅器的前面以防破音。畫面中是在Cubase的外掛式效果器插槽中，將EQ安插在限幅器前面的狀態

要解決這個現象就要使用等化器（equalizer，EQ）。尤其是高頻和低頻在聽覺上的表現，便要運用 EQ 來調整。簡言之，只要利用 EQ 增幅高頻和低頻的音量即可。

不過，當監聽音量大時比較不容易產生這種感覺，這表示高頻和低頻的音量一旦加過頭，在大音量環境下聆聽時，聲音反而可能太過醒目，因此必須謹慎操作 EQ 處理。

EQ 要掛在限幅器的前面

在外掛式效果器的安裝路徑方面，基本上母帶後期處理階段會將 EQ 插在限幅器的前面（**畫面①**）。這是因為這裡的 EQ 是以向上增益為前提，要是先利用限幅器提聲音壓，之後才插入 EQ 的話，就容易導致破音（clipping）。

從下一頁開始會在已加掛 chapter 18（P130）的限幅器的狀態下，插入 EQ 來試做。各位只要用 DAW 內建的參數等化器（Parametric EQ）即可。這裡是使用 Cubase 內建的四頻段參數等化器 Studio EQ（**畫面②**）。

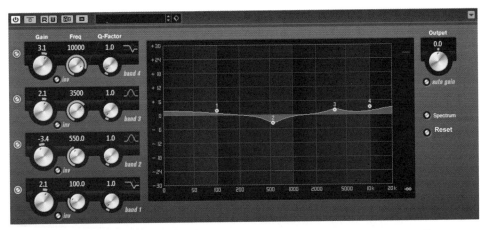

▲畫面② 下頁起實際操作時所使用的EQ是Cubase內建的Studio EQ。具有四個頻段區間的參數等化器

⠿ EQ調節的實際操演

人聲類型　　　素材● 01_DeepColors_2mix.wav 是 EQ 在前，限幅器在後

　　這首歌的沙鈴（shaker）有很多高頻，在增幅（boost）高頻音量時可以注意一下沙鈴的音質，變化應該很明顯。

　　首先，EQ 要選擇擱架式濾波器（shelving filter），將 Q 值調成平緩的坡度，並將 5kHz 以上的頻率增幅 5dB（**畫面①**）。沙鈴音色應該會大為轉變。音壓聽起來有提高的感覺，樂曲的輪廓也更加鮮明。如果進一步仔細聆聽每個素材的聲音，會發現人聲的高音與殘響效果等很立體，樂曲整體也變得更有穿透力。01a_DeepColors_hi-EQ.wav ／ 19a_hi-EQ.cpr 是經過 EQ 處理的聲音。

　　另一方面，由於人聲中的嘶嘶聲（sibilance）也就是所謂的「齒音」^{譯注}被凸顯出來，所以可能會有不適感，也會覺得腳踏鈸（hi-hat）或沙鈴等樂器聽起來很吵雜。這時就可以使用齒音消除效果器（De-Esser，又稱嘶聲消除器）。齒音消除效果器的動作類似壓縮器，可以像多頻段壓縮器那樣壓制某個頻段的音量。這種效果器本來就是為了壓制齒音而研發的工具，不過想讓高頻圓

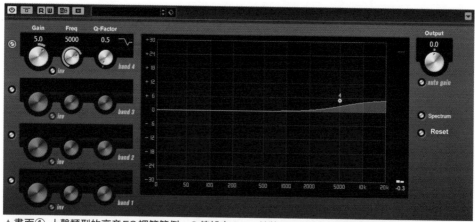

▲畫面① 人聲類型的高音EQ調節範例。Q值設在0.5，並將5kHz以上的頻率增幅5dB，以提升聲音的穿透力

下載素材

Cubase用
Cubase → 19
►19a_hi-EQ.cpr～19c_hi+lo-EQ.cpr

其他DAW用
Other_DAW → 19
►01a_DeepColors_hi-EQ.wav～01c_Deep Colors_hi+lo-EQ.wav

滑的時候，也會經常用在人聲以外的素材上。

　　齒音消除效果器的參數也和壓縮器相似，然而不同機型的參數種類與名稱也大不相同。不過大致上都可以自訂壓縮的頻率，也能調整壓縮量和釋音時間等，還可以透過增益衰減指示表（Gain Reduction Meter ／ GR 表）監測壓縮量。這裡是使用 Cubase 內建的 DeEsser。只要將它插入（insert）EQ 和限幅器之間，把 THRESH（臨界值）設成 AUTO（自動模式），RELEASE（釋音時間）調到 100ms，REDUCT（壓縮量）轉到 2 左右，就能在不破壞平衡表現的狀態下改善高頻吵雜的感覺（**畫面②**）。01b_DeepColors_DeEsser.wav ／ 19b_DeEsser.cpr 是經過齒音消除效果器處理的聲音。

　　至於低頻的部分，由於這首曲子的低音已經很多，因此在提高音壓後不會有不足的感覺。筆者利用擱架式濾波器做了實驗，先將 Q 值設為平緩的坡度，然後在 150Hz 上增幅之後，光是提高 3dB，貝斯和大鼓的聲音就開始失真了。01c_DeepColors_hi+lo-EQ.wav ／ 19c_hi+lo-EQ.cpr 即是這個 EQ 實驗的結果，聽了就會明白增幅低頻的必要性實在不高。

PART
3
▼
不同樂曲類型的母帶後期處理

◄畫面② 齒音消除效果器的設定範例。此處使用的是 Cubase 內建的 DeEsser，其中 THRESH 設為 AUTO，REDUCT 調到 2，RELEASE 設在 100ms

譯注 **齒音**：以舌尖靠近牙齒吐氣發出的聲音，如注音中的ㄓ、ㄔ、ㄕ、ㄖ及ㄗ、ㄘ、ㄙ，也譯作齒擦音。在英語中是指「s」或「sh」這類發音。

電子樂類型　　素材● 01_Alternate_2mix_normal.wav 是 EQ 在前，限幅器在後

　　這裡要來試做正常混音的版本。請選擇擱架式濾波器並將 Q 值設成平緩的坡度，然後將 5kHz 以上增幅 5dB 左右，樂曲整體的穿透力應會有所提升，不過腳踏鈸會變得明顯許多（02a_Alternate_normal_hi-EQ.wav ／ 19a_hi-EQ.cpr）。如果介意的話，可利用齒音消除效果器改善。若使用的是 Cubase 內建的 DeEsser，將 THRESH 設為 AUTO，REDUCE 是 1.5，RELEASE 設在 100ms 左右，就能讓腳踏鈸相對收斂（**畫面③**，02b_Alternate_normal_DeEsser.wav ／ 19b_De-Esser.cpr）。

　　此外，這首樂曲當初即是以強調低頻的方向來混音，因此沒有必要增幅低頻。如果覺得不太夠，請返回混音工程重新處理。

原聲類型　　素材● 04_FamigliaTrueman_2mix.wav 是 EQ 在前，限幅器在後

　　由於此曲在錄音時的麥克風擺位會將每個樂器的低音到高音都徹底收錄進去，因此混音時或許不太會感覺到高音不足。不過，當音壓提高後，只要稍微

◀畫面③ 齒音消除效果器的設定範例，目的是讓電子樂類型的腳踏鈸聲相對低調一點。THRESH 設 AUTO，REDUCT 為 1.5，RELEASE 則是 100ms

下載素材

Cubase用 Cubase → 19
▶19a_hi-EQ.cpr～19c_hi+lo-EQ

其他 DAW用 Other_DAW → 19
▶02a_Alternate_normal_hi-EQ.wav～
03c_FamigliaTrueman_hi1+lo-EQ.wav

加強高頻的音量，聲音的穿透力就會變好，原聲樂器特有的質感也會更鮮明。

　　具體做法是選擇擱架式濾波器並將 Q 值設成平緩的坡度，然後在 5kHz 增幅 4dB 左右，效果應該會恰到好處（03a_FamigliaTrueman_hi1-EQ.wav ／ 19a_hi-EQ.cpr）。當感到這個設定的高音有點強勢時，可以將頻率改為 7kHz。如此不但能保有一定的穿透力，還可以改善高音嘈雜的印象。而打擊樂器的殘響效果會讓聲音出現明顯的變化，因此調整頻率時要同時確認一下（**畫面④**，03aa_

PART
3

不同樂曲類型的母帶後期處理

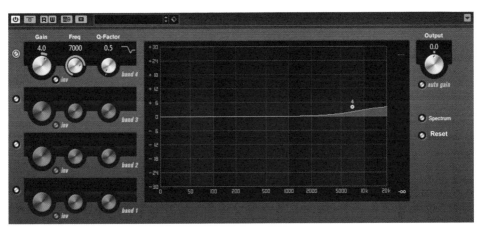

▲畫面④ 高頻不會過分凸顯的EQ範例。頻率上限提高到7kHz

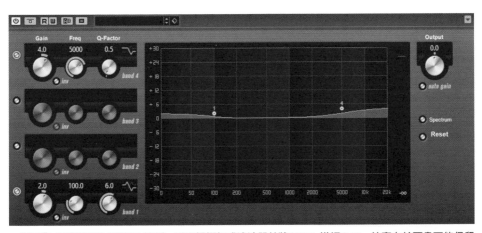

▲畫面⑤ 原聲類型的低頻EQ範例。要選擇擱架式濾波器並將100Hz增幅2dB。訣竅在於要盡可能保留低音的質感

FamigliaTrueman_hi2-EQ.wav ／ 19a_hi-EQ.cpr）。

至於低頻方面，請選擇擱架式濾波器並將 Q 值設成中等偏陡的坡度，然後在 100Hz 增幅 2dB（**畫面⑤，參照前頁**）。貝斯和康加鼓（conga）應該會更有氣勢（03c_FamigliaTrueman_hi1+lo-EQ.wav ／ 19c_hi+lo-EQ.cpr）。不過，原聲樂器的 EQ 要是掛得太刻意，聲音就會變得不自然，因此做到低音有點悠揚感時就要收手。操作 EQ 時請時常切換到旁路模式（Bypass），以充分檢視效果和原音的差別。同時也別忘了利用耳機監聽。

無人聲類型

素材● 05_Captured_2mix.wav 是 EQ 在前，限幅器在後

以限幅器提高音壓後的無人聲類型在小監聽音量下會有悶悶的感覺。要解決這個問題，可先選擇擱架式濾波器並將 Q 值設成中等稍陡的坡度，然後把 5kHz 以上的頻率增幅 5dB。這樣可以提升聲音的穿透力，小鼓的音色也會產生明顯的變化。音色應該會呈現帶點破音的復古質感，也和當初的混音方向一致。

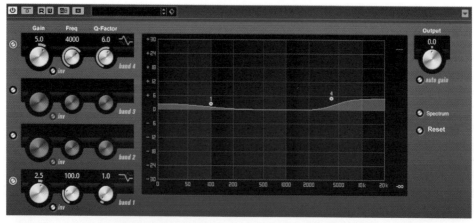

▲畫面⑥ 無人聲類型的高頻與低頻的 EQ 範例。高頻是以擱架式濾波器將 4kHz 以上的頻率增幅 5dB。低頻則是利用擱架式濾波器將 100Hz 以下增幅 2.5dB

下載素材

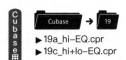
▶19a_hi-EQ.cpr
▶19c_hi+lo-EQ.cpr

▶04a_Captured_hi-EQ.wav
▶04c_Captured_hi+lo-EQ.wav

　　另外，如果將頻率的下限改到 4kHz 附近，聲音的顆粒會變大一些。至於哪種聲音比較好則因人而異，請自行在 4kHz ～ 5kHz 之間調整看看。下載素材中的 04a_Captured_hi-EQ.wav ／ 19a_hi-EQ.cpr 是增幅 4kHz 以上的版本。

　　接著是低頻的部分，一般而言，破音效果容易讓高頻和低頻衰減。換句話說，這首樂曲的大鼓因為一開始就帶點破音效果了，所以增幅低頻就能補強聲音的力道。請選擇擱架式濾波器並將 100Hz 增幅 2.5dB 左右（**畫面⑥**）。如此一來，低音會變得鮮明許多，貝斯的細膩表現也能聽得很清楚。只要聆聽 04c_Captured_hi+lo-EQ.wav ／ 19c_hi+lo-EQ.cpr 便可以了解，此曲整體皆散發復古氣息，鮮明的低音讓成品得以展現頻率分布範圍廣泛的現代風格。而且聲音在小監聽音量下既沒有悶住感，而且相當乾淨俐落。各位只要試做時將 EQ 切換到旁路模式比較看看，就能感受到經過 EQ 處理後的樂曲聽起來會更加立體。

EQ 調節的注意事項

　　首先是基礎觀念的部分，由於 EQ 自始自終都是用來微調音質的工具，所以請不要用 EQ 來提高音壓。不斷反覆調整容易喪失客觀性，因而常常會忍不住想要一直增幅下去。尤其是低頻，增幅時要特別小心。請多加運用旁路模式，謹慎處理。

　　高頻和低頻的最大增幅量先以 6dB 為基準。超過這個量可能會破壞混音的平衡表現。此外，利用限幅器防止破音還是有可能因音量突然爆衝而導致聲音失真破掉，監聽時請多加留意。

　　經過以上的說明，想必各位都已經理解到並非所有的樂曲都需要增幅低頻。由於低頻的音壓很難察覺，所以很容易不小心增幅過頭。盲目凸顯低頻不但會讓音壓難以提升，還可能讓聲音失真。當電子舞曲類的樂曲若感覺低音不足時，最好乾脆重新混音。

聲音定位的確認與立體聲音場的擴張

chapter **20**

無法順利補強音壓時請再次確認聲音定位

回想一下 V 形配置

即便聲音已經經過等化器（equalizer，EQ）、限幅器（limiter）或音量最大化效果器（maximizer）處理了，在做出參考樂曲的音壓感之前還是有可能出現破音、失真的情況。另外，有時候 RMS 表顯示出的數值明明已經很高，音壓聽起來卻還是不如預期。而聲音定位（panning）就是造成上述問題的最大原因。

當有太多聲音素材定位在同一個位置時，聲音就會因各素材的頻段重疊而聽不清楚。如果為了讓聲音清晰就強制提高各素材的音量，當然也會讓音壓難以提高。其中一個解決辦法就是運用 P59 介紹過的 V 形配置。聲音的定位雖然會受到音樂風格表現的影響，因而未必得使用 V 形配置，不過，若從「有利於提高音壓」的角度來看，這個方法的效果很優異。當聲音定位也沒辦法解決問題時，P104 說明的 EQ 調節技巧就能派上用場。總之，無法在母帶後期處理階段順利提高音壓時，首先得回頭檢視混音時的聲音定位。

◀畫面① Cubase 內建的 StereoEnhancer。
除了單純擴展音場空間以外，還能調整音質
等效果

運用外掛式的立體聲成像器

　　想要在固定的聲音定位或平衡表現的狀態下提高音樂的音壓時，使用具有調節立體聲音場空間的外掛式立體聲成像器（imager）能得到不錯的效果。這類效果器能擴展聲音的左右空間，並讓樂曲的氛圍維持在一定的水準，而且還有提高音壓的效用。插入（insert）的位置則在 EQ 和限幅器之前，也就是要掛在外掛式效果器插槽的最前方。

　　這裡要在人聲類型上利用 Cubase 內建的 StereoEnhancer 來試做（**畫面①**）。為了讓聲音變化容易分辨，音檔素材會使用尚未進行母帶後期處理的 01_Deep Colors_2mix.wav（Cubase 專案檔則是 20.cpr）。

　　若將負責設定左右擴張程度的參數 Width（寬度）定在 150，音壓的 RMS值會提升 2dB 左右。不過，因為出現一點破音現象，所以此處也要插入（insert）限幅器。聲音的空間感變得比原音寬闊不少。02_DeepColors_Enhancer.wav則是處理過的音色。順帶一提，如果將 Width 值調得更大，音量大的部分就會出現失真的情形。所以還是得小心不要加過頭。

人聲類型以外的樂曲呢？

　　筆者也在無人聲類型／電子樂類型／原聲類型上試用了 StereoEnhancer，不過幾乎不見任何提高音壓的效果。應該是因為這些樂曲中可以用來提高音壓的立體聲成分很少。外掛式的立體聲成像器大多是改變聲音的相位（phase），所以有時候會因素材或調節量造成相位失衡而產生不舒服的感覺，切忌過度使用。而且也可能和音樂風格不合，使用時務必謹慎。尤其是立體聲成分少的樂曲，特別容易出現不自然的空間感，還要擔心相位偏移等問題，所以這類樂曲最好避免使用立體聲成像器。

　　雖然母帶後期處理階段也常會調整音場的表現，不過調整時一定要評估是否符合樂曲的方向性。若要使用立體聲成像器，必須先充分理解效果器的功用，再規劃母帶後期處理的目標。

chapter 21 利用音量最大化效果器將 RMS 值最大提高到 –8dB

▒▒▒▒ 音量最大化效果器上場

限幅器也無法補足音壓時

看完 chapter20 的說明之後，相信各位已經能夠掌握提高音壓後的音質變化，以及利用等化器（equalizer，EQ）和立體聲成像器（imager）調節音質變化的方法。若是按照前述「EQ →限幅器」的操作流程就能順利調出理想的音壓和音質的話，母帶後期處理便到此結束。不過，還是時常會遇到音壓無法達到參考樂曲水準的情況。

遇到這種情形就會以音量最大化效果器（maximizer）來取代限幅器。這種效果器的基本構造和限幅器相似，但限幅器的主要目的是壓制某特定音量，而音量最大化效果器則是將焦點擺在音壓提升。或許有人會想問「那 chapter 18 就不要用限幅器，直接用音量最大化效果器不就好了？」。當然沒問題，只是許多外掛式音量最大化效果器的音質都別具風格，因此音質上潤飾較少的限幅器通常比較適合用來練習。

另一方面，就提高音壓的操作方式來說，一般音量最大化效果器會比限幅器簡單，所以有可能不知不覺中就把音壓調得過大而讓聲音破掉。因此為了仔細辨別這類的音質變化，本書才會先說明如何利用限幅器來調整音壓。若已經熟練母帶後期處理，也可以一開始就使用音量最大化效果器。

音量最大化效果器和 EQ 的契合度也是重點

從 P152 開始要使用 Cubase 內建的音量最大化效果器 Maximizer（**畫面①**）來調整音壓。目標音壓以 RMS 值平均 -10dB、最大 -8dB 左右為基準。當數值跑

到 -6dB 上下就表示做過頭了。這樣大多會讓聲音失真，必須小心留意。

此外，這裡也會用到 EQ 和立體聲成像器。使用的是 Cubase 內建的 Studio EQ 和 StereoEnhancer。插入（insert）順序基本上是 EO →音量最大化效果器，再加進立體聲成像器。

由於操作過程稍微複雜，所以 Cubase 專案檔只準備已完成的音檔。21.cpr 這個專案檔中含有五首樂曲的音軌。請利用旁路模式（bypass）確認各效果器的處理過程。

◀畫面① Cubase內建的音量最大化效果器
——Maximizer。利用Optimize（最佳化）旋鈕來提高音壓

人聲類型

　　首先，考慮到聲音在音壓提升後的穿透力，會選擇在 Studio EQ 上利用擱架式濾波器（shelving filter）將 4kHz 以上的頻率增幅 3.5dB。接著，將 Studio EQ 的輸出旋鈕（Output）調大 2dB，讓 RMS 值最大能跑到 -10dB 左右（**畫面②**）。光是這樣就能做出相當足夠的音壓感。

　　音量最大化效果器（Maximizer）則是利用最佳化旋鈕（Optimize）來提高音壓。將此旋鈕設在 10，效果就會十分接近一般 CD 的音壓（**畫面③**）。此外，將 Output 設為 -0.1dB，並啟動軟修剪模式（soft clip）（後面的樂曲也比照辦理）。01_DeepColors_Maximizer.wav ／ 21.cpr 是調整後的聲音。質感應該會相對柔和一些。

電子樂類型

　　首先是正常混音（normal mix）的部分。由於此版本不是像強力混音（loud mix）那樣以旁鏈模式（side-chain）壓縮音量，頻率範圍的表現相對均衡，因此只在 Studio EQ 上以擱架式濾波器將 4kHz 以上的頻率增幅 2dB，而 Output 調大 5dB 左右（**畫面④**）。如此一來 RMS 值最大達到 -9dB。

　　下一步是將音量最大化效果器調到 RMS 值最大能跑到 -8dB。Maximizer 的 Optimize 值最後會落在 15（**畫面⑤**）。請開啟 02_Alternate_normal_Maximizer.wav ／ 21.cpr 確認聲音。低音聽起來應該非常豐潤飽滿。

　　再來是強力混音（loud mix）。Studio EQ 與 Maximizer 的設定和正常混音一樣，RMS 值最大可達到 -8dB，而且低音的效果也很出色。請聆聽 03_Alternate_loud_Maximizer.wav ／ 21.cpr。

下載素材

Cubase用 Cubase → 21

▶ 21.cpr

 其他 DAW用 Other_DAW → 21

▶ 01_DeepColors_Maximizer.wav～
03_Alternate_loud_Maximizer.wav

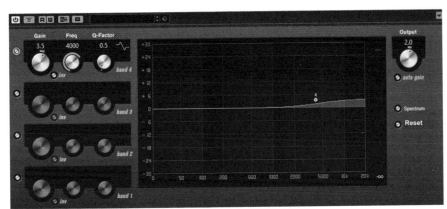

▲畫面② 人聲類型的Studio EQ是以
擱架式濾波器將4kHz以上的頻率增幅
3.5dB。而Output則調高 2dB

◀畫面③ 人聲類型的Maximizer是將
Optimize設為10,將音壓提高到一般
CD的水準。同時啟動soft clip

▼畫面④ 電子樂類型的Studio EQ
是以擱架式濾波器將4kHz以上的頻
率 增 幅 2dB,Output則 調 到 5dB。
正常 / 強力混音的設定皆相同

▶ 畫面⑤ 電子樂類型的Max-
imizer則是 將 Optimize設 為 15,
同樣也要啟動soft clip。正常 /
強力混音在此處的設定亦相同

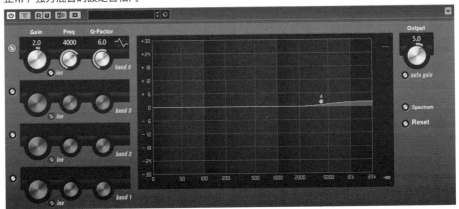

原聲類型　　　　　　　　　　　　素材● 04_FamigliaTrueman_2mix.wav

　　由於以原聲樂器為主的樂曲較有明顯的動態表現，所以 RMS 值不用太大便能感受到十足的音壓，這點就如 chapter 18（P134）所述。因此，若以此為前提，RMS 值最大做到約 -9dB 會比較理想。

　　Studio EQ 選擇擱架式濾波器將 4kHz 以上的頻率增幅 2.5dB，Output 調高 5dB（**畫面⑥**）。而 Maximizer 則要將 Optimize 設為 20（**畫面⑦**）。從結果來看，音壓感恰到好處，中頻的音質相當豐潤，帶有類比的風格。請至 04_FamigliaTrueman_Maximizer.wav ／ 21.cpr 確認聲音。

無人聲類型　　　　　　　　　　　素材● 05_Captured_2mix.wav

　　這首樂曲是依立體聲成像器→EQ→EQ→音量最大化效果器的順序插入（insert）。也就是分兩段進行 EQ 調控。

　　首先，將 StereoEnhancer 的 Width 設在 160 以拓寬音場範圍（**畫面⑧**）。接著，為了補足音量感，第一段的 Studio EQ 要將 Output 提高 5dB。然後，選擇擱架式濾波器，將 200Hz 以下的頻率增幅 4dB，並以峰值濾波器將 2kHz 提高 2dB，4kHz 以上也以擱架式濾波器增幅 6dB，為聲音表現增添抑揚頓挫（**畫面⑨**）。再來，第二段的 Studio EQ 是以擱架式濾波器將 1kHz 以上的頻率增幅 2.7dB，以去除悶聲（**畫面⑩**）。

　　最後，將 Maximizer 的 Optimize 調到 20，補足整體的音壓（**畫面⑪**）。如此便可將 RMS 值提升到 -8dB 左右，也能做出復古質感與當代音壓感兼備的樂團風格樂音。請至 05_Captured_Maximizer.wav ／ 21.cpr 確認聲音。

▲畫面⑥ 原聲類型的Studio EQ。以擱架式濾波器將4kHz以上的頻率增幅2.5dB，Output則設在5dB

▶ 畫面⑦ 原聲類型的Maximizer。Optimize為20，並啟動soft clip

▲畫面⑧ 無人聲類型的StereoEnhancer的Width設在160，藉以擴充空間感

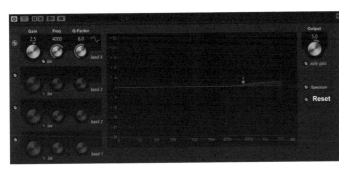

▲畫面⑨ 無人聲類型的第一段Studio EQ。Output設為5dB。200Hz以下的頻率增幅4dB、2kHz增幅2dB、4kHz增幅6dB

▶ 畫面⑪ 無人聲類型的Maximizer則是將Optimize調到20以提高音壓。並且啟動soft clip

▼畫面⑩ 無人聲類型的第二段Studio EQ。1kHz以上的頻率增幅2.7dB

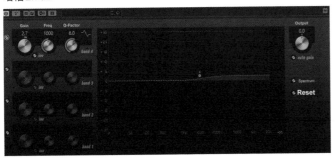

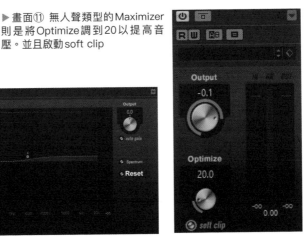

22 ▶ M/S 處理也很好玩！

⣿⣿ 利用Mid和Side調控立體感

什麼是 M/S 處理？

在 chapter 20（P148）中是使用外掛式立體聲成像器（imager）來調整立體聲音場，不過還有另一種方法，就是這裡要說明的 M／S 處理。

一般的立體聲是由左聲道（Lch）和右聲道（Rch）共兩條聲道所組成，M／S 的結構則不太一樣。M／S 的 M 是指「Mid」，S 為「Side」，是將立體聲組成分為中央聲道（M）和左右兩側聲道（S）。如此就能調節中央聲道和兩側聲道之間的音量平衡，或在定位於中央位置的聲音素材上加掛壓縮器（compressor），也可以在左右定位的素材上掛載等化器（equalizer，EQ）（相關原理就不在此贅述，另外，由於 L＋R＝Mid，L－R＝Side，因此 M／S 又稱為 Sum／Difference〔和／差〕）。

利用免費軟體試做

M／S 處理原先是從運用單指向麥克風（unidirectional microphone）和雙指向麥克風（bidirectional or figure-8 microphone）的立體聲錄音技巧演變而來。不過，現在已經能夠利用 DAW 的外掛式效果器將 L／R 的立體聲輕鬆轉換成 M／S 處理的立體聲（有些 DAW 有內建可切換 M／S 處理模式的外掛式效果器）。

例如，免費的外掛式聲音頻率編碼器 Voxengo MSED（**畫面①**）能夠將 L／R 訊號轉換（編碼）成 M／S，或是反過來將 M／S 轉回去（解碼）。而且，若是切換到 MSED 中的「INLINE」模式，編碼和解碼的動作就會自動在編碼器內部進行，便能利用 Mid Gain 旋鈕和 Side Gain 旋鈕分別調節 Mid 和 Side 的音量（Mid 和 Side 也能分別切換到靜音模式）。P158 會介紹這款 MSED 的使用範例。

其他常見支援 M／S 處理的免費外掛式效果器還有 HOFA 的免費軟體，例如 4U Meter, Fader & MS-Pan（**畫面②**）。這款外掛式效果器將音量推桿（fader）、聲音定位旋鈕（pan）和音量儀表（meters）三者的功能合而為一，同時支援 M

／S 編碼／解碼功能。此外，IK Multimedia 的 T-RackS Custom Shop 提供免費下載 Classic Equalizer 這款 EQ（**畫面③**），切換到 M ／ S 模式就能分別針對 Mid 和 Side 進行 EQ 調節。順帶一提，這款免費軟體 T-RackS Custom Shop 也有內建音量儀表功能[譯注1]。

▶畫面① Voxengo MSED。支援 L／R 轉到 M ／ S 編碼及反向的解碼功能。編碼與解碼會在 MSED 中進行，亦能利用 Mid Gain 調節中央定位的素材音量，並以 Side Gain 調整左右定位的素材音量。此效果器為免費軟體，可從 Voxengo 的官網免費下載。下載方式如下。

①前往 Voxengo 官網「http://www.voxengo.com」
②點擊首頁的「Free VST, AAX and AU Plugins」
③「Free VST, AAX and AU Plugins」頁面中可找到「Mid–Side Coder Plugin[譯注2]」欄位，有依作業系統 (OS) 和外掛式效果器規格提供不同下載路徑
④安裝程式下載完成後，雙點擊以啟動程式，再依照畫面指示安裝即可。

◀畫面② HOFA 4U Meter, Fader & MS–Pan。點擊 MODES 欄中的「STEREO」並設成「M ／ S」，即可進行編碼／解碼功能。可到 HOFA 官網「http://hofa–plugins.de/en/」下載（需要輸入 E–Mail）

▲畫面③ IK Multimedia T-RackS Custom Shop 內建的 Classic Equalizer。在畫面左側的按鈕中選擇「M ／ S」，點擊其上的「M」、「S」就能分別進行 EQ 調控。前往 IK Multimedia 官網「http://www.ikmultimedia.com/[譯注3]」設定帳號，即可下載安裝免費版的 T-RackS Custom Shop

譯注 1：原書是 2016 出版，書中介紹的各廠牌外掛式效果器的下載方式、軟體版本或名稱、操作方式等，可能有所變更或改版，請各位留意，造成不便，敬請見諒。
譯注 2：目前版本為 Mid–Side Stereo Plugin 下載網址：https://www.voxengo.com/product/msed/
譯注 3：目前版本為 T-RackS 5 Custom Shop 下載網址：https://www.ikmultimedia.com/products/tr5cs/?pkey=t-racks-custom-shop

操作路徑設定

接下來要介紹 MSED 的使用範例。首先在已匯入立體聲混音音軌上插入（insert）MSED，然後在 Mode 欄位中選擇「ENCODE（編碼）」。

接著準備兩條 AUX 音軌。Cubase 則請新增兩條群組（Group）音軌。其中一條可命名為 Mid，另一條命名為 Side，比較容易分辨。然後，將 Mid 音軌的聲音定位旋鈕轉到左聲道，Side 則轉到右聲道。之後，請將立體聲混音音軌的 Lch 輸出至 Mid，Rch 輸出到 Side。Cubase 用戶可以利用直接串線路徑功能輕鬆配置。這樣就能運用各群組音軌的音量推桿調控 Mid 和 Side 的音量。

然而，目前的狀態會在左聲道聽見 Mid 音訊，右聲道聽到 Side 音訊，因此必須回到一般的立體聲狀態。這時要新增第三條群組音軌並命名為 Decode（解碼），然後將 Mid 與 Side 音軌輸出到 Decode 音軌中。Cubase 則可在檢查器（Inspector）面板的「輸出路徑（Output Routing）」上，或在混音控台（MixConsole）視窗的路徑（ROUTING）中設定。

這條 Decode 音軌同樣要插入 MSED，並在 Mode 欄位中選擇「DECODE」。如此便能讓 M／S 解碼，聲音聽起來就會是一般的立體聲狀態（**畫面④**）。

利用 M/S 處理調整空間感的訣竅

如果慢慢調高 Side 音軌的音量，應該會感受到左右空間逐步加寬了。但是，調得太高會讓空間感變形，聲音聽起來也不太舒服。要找出適切的設定並不容易，這時就是相位關係表（Correlation Meter）大顯身手的時候。Cubase 可到內建的外掛式 MultiScope 中選擇「Scope」模式，視窗左上方會出現「＋1」，左下方會出現「－1」（**畫面⑤**）。而在其中移動的指標顯示的是相位（phase）的狀態，「＋」方表示正相，「－」方表示反相。意思是，如果指標持續往「－」方大幅移動，就表示聲音極有可能已經失真（別有目的則另當別論）。基本上指標通常在「＋」方，當只有偶爾跑到「－」方時，才能算是恰當的立體聲狀態。

此外，當 Mid 音軌的大鼓或人聲等素材的音量夠飽滿時，即使 Side 音軌

▲畫面④ MSED上的M／S處理操作路徑範例。匯入的音軌順序由左而右依序是立體聲混音音軌、Mid群組音軌、Side群組音軌、Decode群組音軌。畫面右方的外掛式效果器視窗中，上方是插在立體聲混音音軌上的MSED，其中的Mode欄設為「ENCODE」；下方則是插在Decode音軌上的MSED，其Mode欄設為「DECODE」。立體聲混音音軌是利用直接串線路徑功能 (DIRECT) 送到Mid與Side的各群組音軌中。而這兩條音軌的聲音定位 (pan) 分別設在左右聲道，並送往De-code音軌

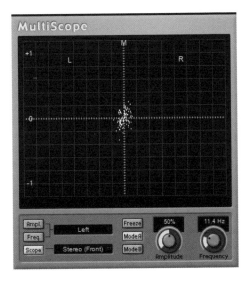

◀畫面⑤ 在Cubase內建的MultiScope中選取「Scope」模式的話，視窗左方就會出現相位關係表。其指標是以中央0為中心，其上的「＋」表示正相，其下的「－」為反相

中音量感低的旋律性素材出現若干反相的成分，通常也不太會產生不舒服的聲音。因此，只要讓 Mid 音軌的中低頻維持原狀，然後增幅 Side 音軌的高頻範圍的話，就可以個別針對想做出空間感的部分調整。

01_DeepColors_original.wav 是原來的立體聲混音音檔，02_DeepColors_MS-EQ.wav 是在 Side 音軌上插入（insert）EQ，並以擱架式濾波器（shelving filter）將 2kHz 以上的頻率增幅 6dB 的結果（**畫面⑥**）。請留意弦樂等旋律性素材並比較看看，應該會有空間感自然向外擴展的感覺。

以上說明的 M／S 式母帶後期處理的基本操作流程如下（有些外掛式效果器可以提供整套流程）。

M/S 處理（編碼）→ EQ → M/S 處理（解碼）→ Limiter(Maximizer)

另外，先提升聲音的空間感再調節音壓的話，通常也會比 M／S 處理前的狀態更容易補足音壓感。請試做看看。

不過，M／S 處理是一項相當細膩的技術。當無法如願做出空間感時，重新檢視混音工程有時候更為妥當，因此請視情況多嘗試各種方法。

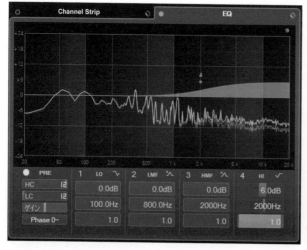

◀畫面⑥ 02_DeepColors_MS-EQ.wav 的EQ設定範例。Side 音軌使用音軌通道條（Channel Strip）上的EQ，並以擱架式濾波器將 2kHz 以上的頻率增幅 6dB

PART **4**

不同用途的母帶後期處理

PART 3 介紹了適用於不同樂曲類型的母帶後期處理工程。透過前面的解說，相信各位都已經掌握母帶後期處理的基礎知識與技巧了。接下來，本章將針對樂曲的發表形式與目的，說明相應的母帶後期處理技術。若說 PART 3 為基礎篇，PART 4 則是應用篇。歡迎進一步深入母帶後期處理的世界。

23 就是想要大音壓時

⣿⣿ 先利用EQ整地很重要

要設法讓聲音聽起來「夠大聲」

前面提過響度戰爭已經平息，但透過網路發表作品時，有時候還是必須優先考量大音壓。然而就算再怎麼利用限幅器（limiter）或音量最大化效果器（maximizer）提高音壓，聲音到了某個程度就會失真，也難以感受到音壓感，最終陷入聲音大聲不了的窘境，想必很多人都有這種經驗。

由於所有的聲音本來就得全數收進音壓最大的數位規格「0dB」之中，因此勉強將限幅器或音量最大化效果器的數值提高，也得不到預期的效果。這時就必須運用其他方法做出聽覺上的「大音量」效果。

換句話說，這表示要設法按照等響度曲線（equal loudness contour），讓人耳聽覺敏感度高的頻帶能有效擁有能量。舉例來說，當超低頻或超高頻的能量很高時，從音量儀表或許看得出來，然而聽覺上卻感受不到音壓感。因此，如何技巧性地將高頻、尤其是低頻的能量移轉到中頻上，即是關鍵所在。

此外，強調音壓的作品在高級音響或 PA 系統（或稱擴音系統）中播放時，有可能會讓人感到低音略嫌不足或太過吵雜。遇到這種情況時，一樣可以略微凸顯較為鮮明的中頻聲，便能成功補足音壓感。

推薦使用2～3台EQ調節音色

以小鼓（snare drum）、腳踏鈸（hi-hat）或是放克（funk）吉他的刷弦技巧為例，在這類聲音會逐漸衰減的素材上，其較為鮮明的部分若以 EQ 等效果器稍微增幅並加掛音量最大化效果器，就有機會做出相當明顯的音壓感（圖①）。

反之，在合成器（synthesizer）的長拍音色或弦樂（strings）、襯底（pad）音色等，這類頻率範圍廣泛的長延音類型上進行相同的處理，卻很難做出理想

的音壓感。

　　另外，使用兩台或三台 EQ 來調節音色也很有效。由於內建在 DAW 的 EQ 是以可同時處理多個頻帶的參數等化器（Parametric EQ）為主流，因此使用者往往都只會利用一台 EQ 調節聲音，不過當想針對特定頻帶仔細調整時，可利用多台 EQ 一步一步增添變化，增減鄰近頻帶的聲音大小時也可直接調整，不用顧慮 EQ 調節曲線是否有重疊。

　　至於利用音量最大化效果器提升音壓方面，近來推出的外掛式效果器都十分優秀，音壓可提升的程度有時大得驚人。不過，若是把「提高音壓感時也要將『好聲音』的狀態保留下來」納入考量，先理解技術層面，再來使用這類優秀的音量最大化效果器，也會比較有效果。

　　當然也別忘了要利用 RMS 表來監測結果。一般認為音壓感高的作品，其 RMS 表的數值大多是落在 -5dB 到 -6dB 左右。

　　然而，有時還是會出現表頭數值很高卻感受不到音壓，反倒是數值不高的作品，其音壓聽起來比較大的情形。這即是等響度曲線所顯示出的人耳聽覺特性所造成的結果。

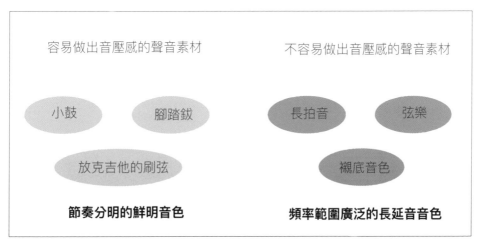

▲圖① 有的聲音素材較容易做出音壓感，有些則不

首先要將音量標準化

接下來就來實際操作看看。此處的素材為 01_Alternate_2mix_normal.wav，要嘗試把音壓提高到幾近失真的臨界點。Cubase 專案檔則是 23.cpr。

由於在「chapter 09（P76）」製作的 Alternate_2mix_normal.wav 是以重視平衡表現的方式混音，所以音量上還保有一些預留空間（預留空間〔headroom〕是指樂曲的最大音量達到 0dB 之前的彈性留白）。因此，要將下載素材中的 01_Alternate_2mix_normal.wav 進行音量標準化（normalize）。

音量標準化是指以自訂的最大音量為基準，將整體音量提升到快要失真的程度。DAW 大多都有提供自動執行音量標準化的功能（**畫面①**）。

應該說音量標準化功能不包含限幅器或壓縮器之類的壓縮工程，只是單純將音量加到最大而已。

◀畫面① Cubase 的音量標準化畫面。選擇 Events（音訊事件），再從選單中按「Audio（音訊）> Process（執行）> Normalize（音量標準化）」依序選取的話，就會出現此畫面

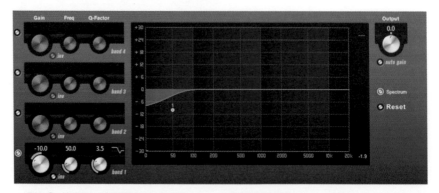

▲畫面② 首先要利用擱架式濾波器將 50Hz 以下的頻率修掉 10dB。使用的是 Cubase 內建的 Studio EQ

將大鼓的能量轉移到中頻

由於這是一首電子舞曲，大鼓的能量相當高，所以要利用 EQ 將 50Hz 以下的超低頻修掉 10dB（**畫面②**）。雖然氣勢會稍微下降，不過 RMS 表頭的起伏會小一點。接著，要在第二台 EQ 上將腳踏鈸／小鼓／鋼琴樂句聚集的中頻的 2.5kHz 增幅 3.5dB 左右（**畫面③**）。這樣便足以讓聲音多一些抑揚頓挫，也會有音量變大的感覺。

最後，在超低頻被截除的影響下，大鼓的力道會略顯不足，所以為了補足音壓感，要用第三台 EQ 將 150Hz 增幅 3dB（**畫面④**）。這個做法會讓大鼓力道表現出有別於之前的質感，不過還是能重回大鼓聲強勁的感覺。也就是要把大鼓的能量稍微轉移到中頻上，並將敲擊聲的強勁質感保留下來。請將這三組 EQ 調控分別切換到旁路模式（Bypass）比較看看。低頻移轉到中頻的效果應該很明顯。

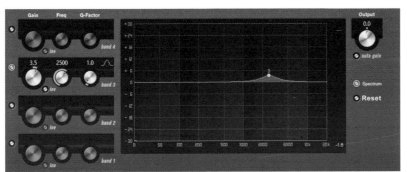

▲畫面③ 接著將 2.5kHz 增幅 3.5dB，讓聲音表現出抑揚頓挫

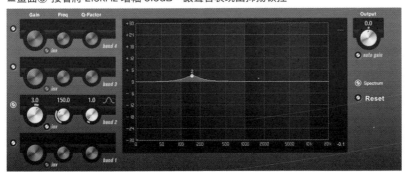

▲畫面④ 150Hz 要增幅 3dB，以凸顯大鼓聲強勁的敲擊質感

先利用限幅器提高音壓

　　此處開始要進行提高音壓的作業。首先請插入（insert）限幅器，讓音壓先提升到某個程度。不過，除了提高音壓的方法之外，這裡要請各位留意如何讓音壓均勻地提高。

　　這裡要使用 Cubase 內建的限幅器（Limiter），將 Input 旋鈕轉大到 5dB，至於 Output 則是考慮到還會使用音量最大化效果器調整，為避免聲音失真而設在 -0.5dB（**畫面⑤**）。雖然只是一點點，保留一些彈性空間會更容易做出音量最大化效果器的效果。

利用音量最大化效果器進一步提高音壓

　　接著，為了進一步提高音壓，還要插入音量最大化效果器。Output 會設在 -0.1dB，然後要慢慢轉大參數來補足音壓。Cubase 用戶只要在內建的 Maximizer 上轉高 Optimize（最佳化）旋鈕即可。

　　至於要轉大到什麼程度，則視聆聽環境或個人喜好而定，以一般的監聽喇叭而言，Optimize 超過 40 的話，音壓的變化非但不明顯，還會開始出現失真

◀畫面⑤ 限幅器是使用 Cubase 內建的 Limiter。Input 為 5dB，Output 為 −0.5dB

（**畫面⑥**）。也就是說，40 上下是這首樂曲的音壓最大值。

　　或許有人就是想要更積極進攻，不過理論上這個時間點的聲音聽起來是不會比其他樂曲小。若將樂曲的混音平衡表現也納入考量的話，這首樂曲可算是一首十分強調音壓的作品。而 RMS 表在這個時間點最大可達 -6.9dB。

　　在「其他 DAW 專用」素材中，02_Alternate_2mix_normal_onatsu.wav 是利用上述母帶後期處理方式調整的音檔，請和 01_Alternate_2mix_normal.wav 聆聽比較。Cubase 專案檔 23.cpr 則可以將所有插入的效果器切換到旁路模式（Bypass），聆聽比較音壓調整前後的差異。

視情況重新混音

　　在使用限幅器或音量最大化效果器提升音壓時，若是聲音的表現和之前的混音平衡表現落差太大時，可返回 EQ 調節的階段重新檢視處理。然而，強調音壓就表示有可能得犧牲音質。因此，最好先充分理解這點，再進行音壓提高作業比較好。

◀畫面⑥ 音量最大化效果器的 Output 為 −0.1dB，並轉大 Optimize 旋鈕來提高音壓。以這首樂曲來說 40 前後最佳

PART
4

不同用途的母帶後期處理

24 想將高解析等音樂的高音質擺在第一優先時

重點在於確保充足的動態空間

壓縮器的使用要減到最低

母帶後期處理時理所當然會強調音壓，不過當遇到「作品的音壓不需要提高太多，無論如何都想把音質擺在第一優先」的時候，就得思考音壓感要做到什麼程度。尤其是所謂的高位元（bit）／高取樣頻率（sampling rate）的「高解析音樂（high-resolution audio ／ Hi-Res）」，會更重視這種平衡表現。

然而，這並非僅限於高解析音樂。一般認為聲音好的作品，大多都具有豐富的動態表現及廣泛的頻率範圍。基本上，這表示在混音階段就得盡量將動態空間做得大一點。不是說不能用壓縮器（compressor），而是混音時不要太常使用，才是將音質視為第一優先的關鍵。

凸顯高頻素材

想保有動態空間時，避免讓腳踏鈸或銅鈸（cymbals）之類的聲音被其他素材淹沒，也是調整平衡表現時的重點之一。把這類聲音素材的音量調得大一點，會比較符合強調音質的母帶後期處理方式。

這是因為高頻聲多的素材能夠讓人感受到「空間」。若能感受到「空間」，也比較容易產生聲音很好的感覺。

殘響效果在創造空間上的效果也很好。這時可在敲擊聲強勁、屬於會逐漸衰減的聲音素材上加掛殘響效果器（Reverb），空間感的效果會更明顯。例如，響棒（claves）或木魚（woodblock）之類的樂器，若在這類素材上加掛殘響效果，空間感會油然而生，可以製造出聲音穿透力很好的印象。

盡可能保留低頻也很重要

低頻聲也要盡可能避免用 EQ 修掉。混音時請盡量設法利用音量推桿（fader）來調整平衡表現。

　　尤其是鋼琴這種低音很多的素材，混音時很容易讓人想要把低頻修掉，不過要盡量避免這麼做，請利用音量上的調節做出最理想的混音平衡。至於音壓方面，力道稍嫌不足的狀態比較符合音質優先的母帶後期處理方向。

　　混音階段也要留意樂曲的整體音量感。尤其是未使用限幅器時，也要運用音量推桿調節平衡表現，以防止破音（clipping）。

　　當然，有些樂曲必然會出現幾處破音。這種情況下雖然可以使用限幅器，但過度使用會喪失動態空間，因此必要使用時也要盡量節制。

利用高頻演繹空間

　　接著是依據上述說明來實際操作看看。使用的素材是 01_FamigliaTrueman_2mix.wav（Cubase 專案檔為 24.cpr）。

　　這首樂曲具有能讓人感受到空間感的打擊樂（percussion）音色。由於高頻的分布略微廣泛，因此首先要以 EQ 將 5kHz 調高 4dB。Q 值寬度可以稍微調寬一點。Cubase 內建的 Studio EQ 則是 0.5 左右（**畫面①**）。光是這樣，空間感應該會更加明顯。

　　經過這次的 EQ 調節之後，小鼓聲也變得乾淨俐落，不但能感受到聲音整體的空間深度，穿透力也有所提升。

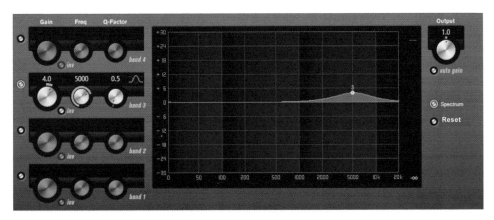

▲畫面① 以偏寬的 Q 值將 5kHz 增幅 4dB，演繹空間深度和聲音穿透力

　　想要更加華麗的效果時，也可以選擇擱架式濾波器（shelving filter）將 5kHz 以上的頻率增幅 4dB 左右。這個做法除了能提升穿透力，聲音的感覺也會變得明亮。請依喜好選擇。接下來，將 EQ 的音量（Studio EQ 則為 Output）提高 1dB，展現些許音量感。同時要在後段插入（insert）限幅器以防止破音。限幅器的 Input 旋鈕請先固定在 0。

低頻的Q值也要寬一點

　　下一步要利用第二台 EQ 凸顯低頻。這首樂曲中，貝斯和木箱鼓（cajon）恰到好處的低頻聲位於 120Hz 前後，所以要在此處增幅 3dB。這裡的頻帶範圍也比較廣泛，因此 Q 值設在偏寬的 0.5（**畫面②**）。

　　這樣應該能明顯感受到貝斯的行進。想要讓力道表現更鮮明時，可將 EQ 的音量提高 1.5dB（Cubase 專案檔是已提高 1.5dB 的狀態）。

　　請將兩組 EQ 切換到旁路模式（Bypass），試聽比較看看和原曲的差別。相較之下，經過 EQ 處理後的聲音，其頻率範圍應該會有突然廣泛許多的感覺。

限幅器的Input旋鈕調高2dB左右

　　若是音質擺在第一優先時，到此已經可以收尾了，不過想要再多一點音量

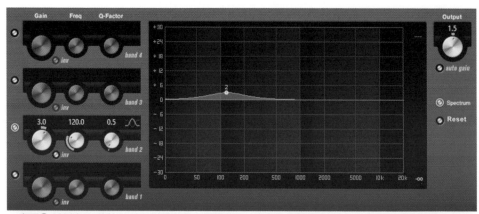

▲畫面② 以偏寬 Q 值將 120Hz 增幅 3dB，然後將 EQ 本身的音量提高 1.5dB，讓貝斯行進展現力道

感的話，可以把之前已插入限幅器的 Input 旋鈕（輸入）調高 2dB 左右（**畫面
③**）。如此就能在不破壞混音平衡的狀態下提高音壓。

不過，提高 3dB 以上就會產生飽和感，也會逐漸失去動態表現。這和外掛
式效果器（plug-ins）的特性也有關係，不過通常將限幅器和音量最大化效果
器的 Input 旋鈕或臨界值（Threshold）設在 2dB 前後的話，提高音壓時就不會
大幅破壞混音的平衡表現。

試聽時要提高監聽音量

請將按照上述方法完成的立體聲混音音檔，慢慢地提高監聽音量試聽看看。
高頻和低頻應該會比預期明顯，而且也不太有飽和感。動態空間不但保留下來，
感覺上頻率範圍也一口氣變得廣泛，可以說是一首重視音質的作品了。

在製作立體聲混音的過程中，或許已經有人察覺到了，在響度戰爭爆發之
前，所謂的「聲音好的樂曲」多數都具備這種質感。

而強調音壓的做法上，為了讓樂曲在小音量下也能感受到音量感，就會縮
小動態空間，並竭盡所能在母帶後期處理時將音量推到最滿，不過當音質視為
第一優先時，盡量不動到動態表現才是關鍵所在。

附帶一提，若是擔心音壓感不足，也許可以考慮在 CD 封面或樂曲資訊上
註記「聆聽時，可略微提高此樂曲的音量」。

◀畫面③ 限幅器的 Input 旋鈕先
調到 2dB 左右

chapter 25

無法重新混音時的對策

利用自動化調節功能調控音量

局部修正

由於母帶後期處理會利用等化器（equalizer，EQ）、壓縮器（compressor）、限幅器（limiter）、音量最大化效果器（maximizer）等效果器，針對立體聲混音進行聲音調節作業，因此或多或少會經歷「在曲子整體上進行 EQ 調控後，因有部分素材的細膩表現不如預期而吃上很多苦頭」等情況。

遇到這種情況時，本書會鼓勵各位回到混音階段重新檢視一遍，可是如果母帶後期處理是受人之託的話，往往很難回頭重新混音。因此，這裡要介紹此類狀況的對策。

自動化調節功能（Automation）可說是 DAW 最大的優勢之一。若能妥善運用，只需要局部調節音量，就能在不影響整體音質的狀態下調整樂曲整體的質感。

舉例來說，當立體聲混音的節奏素材中，有某部分的音量過於凸出時，若是單純為了修正音量而加掛 EQ 或壓縮器的話，其他素材也會連帶受到影響，而使精心調控的混音平衡就此失衡。

這種時候就必須在音量上運用自動化調控功能。如果手邊的 DAW 具有能以音訊事件（Event）或音訊區域（Region）為單位進行音量編輯的功能，遇到上述情況時請務必加以運用。相較於一般以整條音軌為對象的自動化調節功能，利用這項功能便可局部調節，效率很高。

例如，Cubase 有一種稱做「音訊事件封包曲線（Event Envelope）」的功能，可在音訊事件上編輯音量變化。

逐步調整音量大的部分

接下來要以 01_DeepColors_2mix 為素材說明操作方式（Cubase 專案檔為 25.cpr）。

這首樂曲的前半部音量比後半部小。這在強調動態表現並以音質為優先的母

帶後期處理上是一種十分有效的手法。不過，想要刻意讓前半部也保有音量感時，就可以在音量上進行自動化調節功能。此處要使用前面提到的 Cubase 的音訊事件封包曲線功能。

　　首先選取鉛筆工具（Draw tool）。然後，將鉛筆工具移到音訊事件上，鉛筆工具旁就會出現類似波形的圖示（**畫面①**）。這即是可以編輯音訊事件封包曲線的圖示，所以請用鉛筆工具描繪自動化調節的曲線，以逐步調控音量。

　　接著檢視波形，找出音量變大的部分，將該部分放大顯示。然後點擊音訊事件，隨後會出現藍色的自動化調節曲線，點擊處即成為封包曲線點（**畫面②**）。在幾處建立封包曲線點並移動該點時，藍色曲線也會跟著變動，波形大小也隨之變化（**畫面③**）。也就是說，可以利用波形的大小來掌握音訊事件的音量。具體的使用方式要利用素材音檔來說明。

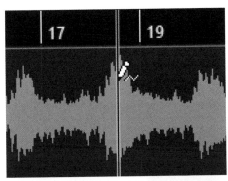
◀畫面① 在 Cubase 上使用音訊事件封包曲線功能時，要選取鉛筆工具並在音訊事件上編輯音量

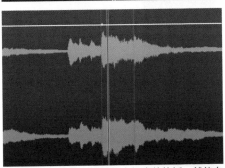
▲畫面② 以鉛筆工具點擊音訊事件的話，就能在藍線上建立封包曲線點。拖拉該點可製作自動化調節曲線

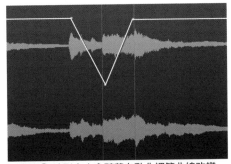
▲畫面③ 波形大小會隨著自動化調節曲線改變

首先請任意建立一個封包曲線點，並拖拉至音訊事件的最上方，然後以想要變更的位置為中心點，也在其左右兩側建立封包曲線點。接著，將中心點下拉以改變音量。不過，下拉過頭會讓聲音變得不自然，所以在不破壞樂曲氛圍的前提下，請斟酌設定。有時候可能必須增加點的數量，讓曲線的弧度圓滑（**畫面④**）。

使用 Cubase 專案檔的讀者可到 25.cpr 確認筆者建立封包曲線點的過程。至於其他 DAW 的用戶，筆者已將自動化調節功能的編輯畫面放到本書中，請多加參照（**畫面⑤**）。

降低音量差距並補足音量感

若是利用自動化調節功能調整整體的動態表現，便會產生預留空間（headroom），提升整首樂曲的音量。如此一來，樂曲開頭聲音較小的部分也能加掛限幅器或音量最大化效果器，以補足音量感。

下載素材中的 Cubase 專案檔是刻意不掛限幅器，要讓各位試做看看。而 02_DeepColors_2mix_auto.wav 是使用畫面④的自動化調節功能並經過格式化的音檔，其他 DAW 的用戶可利用此音檔。

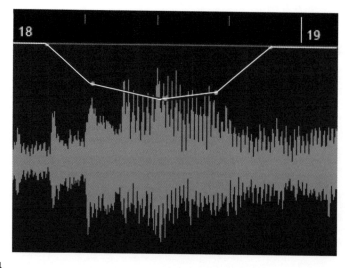

◀畫面④ 描繪曲線時，要讓波峰的音量盡可能自然地下降

設法自然呈現音量變化

利用自動化調節功能編輯音量時，若變化過於劇烈，最後可能變成很不自然的音量感。因此，在自動化調節功能中編輯音量時要多次來回播放檢視，以免形成不自然的聲音。

尤其是以音量最大化效果器等展現音壓感時，音量差距的對比會比調整的當下明顯，導致自動化調節後的不自然之處被凸顯出來。自動化調節音量的重點是讓聲音乍聽之下盡量聽不出音量變化。所以必須謹慎作業。

運用外掛式效果器的自動化調節功能

DAW 的外掛式效果器（plug-ins）參數也能進行自動化調節，因此也可以局部調控 EQ。而這種方式也是當變化過於劇烈時，就會出現相當不自然的聲音，所以要設法讓音量變化盡可能自然流暢。

視情況將外掛式效果器的旁路模式（Bypass）設為自動化調節，也是一種有效的方法。在樂曲氣勢磅礡之處自動切換到旁路模式，就能讓音量變化難以察覺。

不論是在音量上或在外掛式效果器上使用自動化調節功能，要讓變化自然流暢都得花一點時間才能上手。所以不可著急，多加反覆嘗試，才能做出理想的作品。

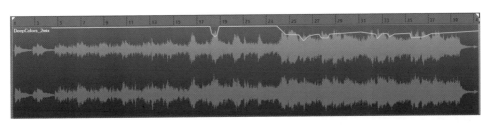

▲畫面⑤ 筆者設定的自動化調節範例。在波峰較鮮明的部分，繪以將波峰反轉般的曲線

PART
4

不同用途的母帶後期處理

175

chapter 26

現場用的「卡拉」的母帶後期處理

彈性保留動態範圍和預留空間

製造−3dB～−5dB的預留空間

這裡要來說明現場表演時會用到的伴奏音軌，也就是業界俗稱的「卡拉」的母帶後期處理。一般在現場表演時都會想展現動態表現出色的聲音，不過音壓方面，思考方向會和以往略有不同。

現場表演使用的「卡拉」通常都會使用立體聲的分軌音軌（stems）或是各素材的原始錄音音軌（multitrack），這是為了方便現場環境的調整。不過，最近使用立體聲混音音軌的情形也愈來愈常見。因此接下來會介紹適用於上述情形的操作重點。現場表演要用的「卡拉」若是先彈性保留動態範圍而不提高音壓，並做出廣泛的頻率範圍的話，聲音的表現通常比較優異。

尤其是在展演空間（venue）等場地使用的立體聲混音的「卡拉」，必須先做出一些可彈性操作的預留空間（headroom），以方便現場的音控師調控。至

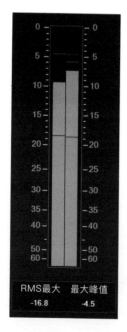

◀畫面① 峰值表的最大值落在
−3dB～−5dB上下

於要保留幾 dB 並沒有嚴格規範，不過至少留下 -3 ～ -5dB 左右的預留空間，對表演現場的等化器（equalizer，EQ）或壓縮器（compressor）之類的調控作業會更容易進行（**畫面①**）。

這時的音壓會非常低。在錄音室進行母帶後期處理的話，聲音就會變得很小，因此也有人會感到不安。不過這種做法大多能提升現場表演的聲音表現。

盡可能保留低頻

用於 PA（public address，公眾播放）系統播放，表示聲音播出時的頻率範圍必須廣泛才行。因此，大鼓或貝斯這類素材的低頻不要修掉太多會比較理想。因為 PA 系統是以重低音喇叭（subwoofer）播放低頻，這樣做能展現豐潤飽滿的聲音。

附帶一提，「重低音喇叭」是指專門用來播放低頻的喇叭，常見於 PA 系統有一定規模的展演空間等場地。

強調音壓的聲音類型要特別小心

chapter 23（P162）中已說明強調音壓的聲音類型，這類聲音是將能量轉移到中頻，因此在 PA 系統中播放可能會太吵，但低頻的力道反而相對不足。此外，由於強調音壓的立體聲混音的動態範圍和預留空間較小的緣故，不但不利於現場調控，聲音也容易出現失真或過度飽和。而這種類型的「卡拉」在現場表演時會再疊上人聲和樂器等聲音素材，到時聲音就會變得很難整合，最後只讓人留下聲音很差的印象。

一般而言，在 PA 系統播放時，音量最後都會相當大。因此在製作現場表演用的「卡拉」的立體聲混音時，最好將動態範圍和預留空間都保留下來，方便現場的音控師充分表現音量，從容展現現場調控的功力。如此一來，即使疊上人聲或樂器，聲音整體會更加和諧，音質也會有所提升。

此外，一次準備多個「卡拉」音檔時，每個音檔的音量大小也要一致，才能方便音控師處理。讓音量、音質協調均等不但是母帶後期處理工程的任務，也是做出好「卡拉」的訣竅。

PART
4

不同用途的母帶後期處理

177

音壓參考作品③

《超時空記憶體》
(Random Access Memories)
傻瓜龐克(Daft Punk)

●為響度戰爭帶來新局面的作品

於2014年榮獲第56屆葛萊美音樂獎(Grammy Awards)「年度專輯」等多項大獎的音樂作品。其實這張專輯的音壓壓得相當低，動態空間做得非常大，還是一張聲音十分協調的作品。而且幾乎從未聽聞「音量很小」的意見。筆者第一次聽到這張作品時也發現到，樂曲從低音到高音的混音表現都很均衡，完全沒有音量很小的感覺。這表示音壓不用做得那麼高也是可以叫好又叫座。傻瓜龐克這種等級的知名音樂人主動將音壓控制得恰到好處，也意味著在當時的響度戰爭中丟下一顆震撼彈。若有機會的話，請用具有一定水準的音響設備聆聽看看。音樂本身當然很優秀，不過在聽過之後也會了解到混音有多出色了。

PART **5**

善用母帶後期處理專用的
外掛式效果器

到目前為止，本書都是以使用 DAW 以及其內建的外掛式效果器展開作業為
前提進行解說。不過市面上已有各式各樣支援母帶後期處理的外掛式效果器。
其中，iZotope 推出的 Ozone 即是近年受到業界矚目的母帶後期處理軟體。
本章將以 Ozone 的說明為主，並介紹幾款「好用」的外掛式效果器。

chapter **27** Ozone的魅力

搭載多種充滿魅力的聲音處理器的
母帶後期處理軟體

在業界也廣受歡迎

iZotope 的 Ozone 是一款母帶後期處理軟體，在 DAW 用戶之間也備受矚目（**畫面①**）。這款多功能軟體具備等化器（equalizer，EQ）、限幅器（limiter）、多頻段壓縮器（multiband compressor）、立體聲成像器（imager）、音量最大化效果器（maximizer）等各式聲音處理器（audio processor）。從高解析度、高清晰度的前衛音色，到強調溫暖和諧氣息的復古類型等，可支援各式樂風的母帶後期處理，後製潛力之高已引發話題。

其中的音量最大化效果器佳評如潮，既能強勢提高音壓又不會產生失真或不自然的感覺。那種清晰明瞭且強而有力的完成度，讓不少專業母帶後期處理工程師也成為它的愛用者。

本書撰寫期間的軟體版本為 7，有具備標準功能的標準版 Ozone 7，以及搭載復古風格的效果器與各種高效能儀表的進階版 Ozone 7 Advanced 共兩種版本。外掛式（plug-ins）與獨立安裝使用（stand-alone）形式皆有支援。

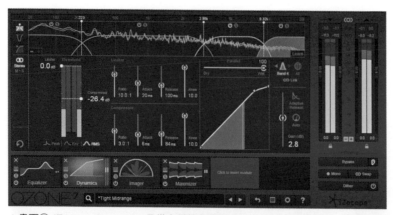

▲畫面① iZotope Ozone 7。具備多種聲音處理器的母帶後期處理軟體，支援外掛與獨立安裝使用兩種方式。各聲音處理器以並排方式安裝並顯示在畫面下方，基本的操作方式是點進各處理器的視窗編輯內容

種類豐富的預設值

Ozone 是基於 iZotope 創辦人馬克・伊瑟爾（Mark Ethier）提出「誰都能做母帶後期處理」的理念，自 2000 年起所研發的產品。據說當時還在就讀麻省理工學院（MIT，Massachusetts Institute of Technology）時就是研究母帶後期處理工程師的操作工程，於是他以此為藍圖設計出可在軟體中完成整套母帶後期處理的架構。

同時也因為這段背景，Ozone 中隨處可見試圖顛覆「母帶後期處理很難」的巧思。其中之一，便是依使用目的分門別類的多種預設值（presets）（**畫面②**）。只要依這些預設值名稱展現的形象憑感覺選取，即可讓聲音狀態貼近目標。就不易操控的壓縮器或多頻段壓縮器而言，靈活運用預設值也是一種有效學習操作技巧的祕訣。

此外，選擇預設值之後，該音色會用到的各式處理器即會自動依掛載的順序安裝並顯示在畫面中。如此一來，調控流程變得可視，自然就會懂得該如何操作（**畫面③**）。而且，隨著使用次數增加，便能漸漸掌握「想做出這種聲音就要用這個處理器」等技巧。也就是得以在使用過程中了解母帶後期處理的作用機制。

▲畫面② 預設值的選取畫面。其中也包含由國際知名母帶後期處理工程師葛雷格・卡爾比（Greg Calbi）所設計的預設值

▼畫面③ 聲音處理器的選取畫面（Ozone 7）。選擇預設值之後，處理器會自動安裝並顯示在畫面中，亦可新增效果器或更換順序

∷∷∷ 介紹主要的聲音處理器

接著來介紹 Ozone 7 主要的聲音處理器。

Vintage Limiter   畫面④

仿自以經典限幅器聞名的 Fairchild 670 所設計而成的限幅器。兼具類比質感與數位的精緻度，聲音圓滑細緻，也能做為音量最大化效果器使用。掛在 EQ 或壓縮器之前以調整音量感時也能一展長才。

Dynamic EQ   畫面⑤

為一款獨特的 EQ，有六個頻率區段，增幅（boost）／截除（cut）量會隨著設定好的音量（臨界值）而變化。增幅的動作方面，音量在臨界值以下的運作如同一般的 EQ，不過要是超過臨界值，增幅量就會受到壓制。另一方面，截除的動作則是臨界值以下不會運作，超過臨界值的那一刻起才會開始作用。總之，這款效果器可以做出融合 EQ 和壓縮器作用的效果。這種運作方式的 EQ 一般稱為「動態等化器（dynamic EQ）」。

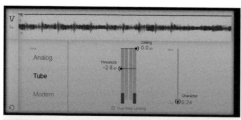

◀畫面④ Vintage Limiter。可以做出類比質感的限幅器

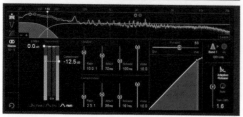

◀畫面⑤ Dynamic EQ。增益量會隨著輸入音量而改變的 EQ

Equalizer

全方位的八頻段 EQ。有能表現溫和質感的類比式，以及相位不會偏移的數位線性相位 EQ（linear phase EQ）兩種模組可選擇。在檢視頻譜（spectrum）的同時，只需利用滑鼠即可調整增益（gain）或 Q 值（quality factor）。此外，還支援 M ／ S 處理，也有配備相同功能的後置 EQ（Post Equalizer）。

Maximizer

音量最大化效果器是 Ozone 的代表性處理器。尤以 IRC（Intelligent Release Control，智慧釋音控制）演算法的模式選擇最為重要。此模式分成 I ～ IV 四種類型，可依素材種類或使用目的挑選。例如，IRC IV 為 Ozone 7 以上版本配備的全新演算法，適合自然地「提高音壓」時使用。而提高音壓時想要激進一點，就可以選擇 IRC III，效果通常都不錯。一般來說，提高音壓常會發生聲音失真或扭曲（pumping，因音量急遽變化導致聲音出現扭曲變形）的現象，在 iZotope 會針對該現象的起因——釋音時間（Release Time）分析其設定，並將分析結果回饋給 IRC 運算。而音壓調節的關鍵就在於這款處理器能否運用自如，所以開始使用 Ozone 之後，請務必嘗試不同類型的 IRC 模式。

◀畫面⑥ Equalizer。八頻段 EQ

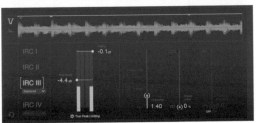

◀畫面⑦ Maximizer。能在想強勢提高音壓時大展身手的音量最大化效果器

PART
5

善用母帶後期處理專用的外掛式效果器

Dynamics　　　　　　　　　　　　　　　　　　　　　　　畫面⑧

　　可當做多頻段壓縮器／限幅器／擴展器（expander）使用的動態處理類型的效果器。頻段最多有四個，可針對個別頻段進行繁複的動態調控，不過也因為參數的數量多，在熟悉之前可先選擇預設值，再慢慢編輯比較好。另外，將各頻段分別切換成單獨播放或旁路模式（Bypass）個別試聽，會比較容易判斷成效。此效果器也具有頻譜分析功能，並支援 M ／ S 處理。

Exciter　　　　　　　　　　　　　　　　　　　　　　　　畫面⑨

　　可賦予高頻閃耀或明亮的質感，同時能為中低頻增添厚度與存在感的動態擴展器（exciter，又稱激勵器）。其中，強度滑桿（amount sliders）可調整效果強度，混音滑桿（mix sliders）能調節與原訊號之間的平衡表現。例如，想要提升聲音穿透力等時使用，可以得到和 EQ 不同的效果。此效果器的另一項特色亦即多頻段規格，最多能設到四個頻段，也可個別調整。音色則有六種模式，可從 Warm（溫暖）／ Retro（復古）／ Tape（磁帶）／ Tube（真空管）／ Tri-

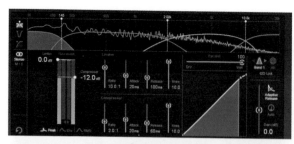

◀畫面⑧ Dynamics。具備四個頻段的壓縮器／限幅器／擴展器

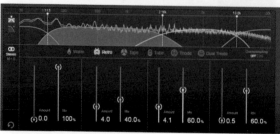

◀畫面⑨ 可選擇六種音質的四頻段動態擴展器

ode（三極管）／ Dual Triode（雙三極管）當中挑選。想要明亮的高音可選擇「Tape」，想讓低音厚實一點可選擇「Warm」，效果通常都不錯。此效果器同樣支援 M ／ S 處理，也具有頻譜分析工具。

Stereo Imaging 畫面⑩

可調整立體聲音場空間感的立體聲成像器類效果器。具有四頻段規格，是可針對各頻段設定空間感。同時具備將立體聲音場圖像化的李賽圖形示波器（Lissajous Vectorscope）以及相位關係表（Correlation Meter）等，因此在其他效果器上進行 M ／ S 處理後，推薦也可利用此效果器上的儀表來確認聲音狀態。

以上介紹的八種聲音處理器都是 Ozone 7 標準版的配備，光是這些就足以完成母帶後期處理。

進階版的 Advanced 則配備 Vintage Tape、Vintage Compressor、Vintage EQ 等復古音色的處理器。此外，另有需付費的高功能外掛式音量儀表—— Insight。每個處理器都能當做單獨的外掛式效果器使用，是 Advanced 版的一大優點。

建議初學者先從 Ozone 7 的標準版下手，多嘗試各種預設值設定。找到喜歡的設定之後，再把這些設定保存起來，一步步增加自己的「花樣」。

PART
5
善用母帶後期處理專用的外掛式效果器

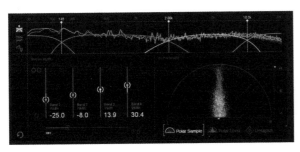

◀畫面⑩ Stereo Imaging。四頻段立體聲成像器

28 在Ozone上實際進行母帶後期處理

強調音壓的操作方式

調整動態表現

這裡要來說明在 Ozone 上實際進行母帶後期處理的過程（使用標準版軟體）。首先是聚焦在提高音壓的範例。使用的素材為 01_Alternate_2mix_normal.wav。

由於這首立體聲混音的動態範圍大，因此一開始要使用 Vintage Limiter 來調整動態表現。此段調整的目的不在於提高音壓，所以立體聲混音階段已有一定音壓的樂曲不需要進行這道程序。

Vintage Limiter 的模式（Mode）選擇擁有真空管限幅器風格的 Tube，並將臨界值（Threshold）設在 -4.0dB，用來調整起音時間（Attack Time）和釋音時間（Release Time）的風格（Character）則設為 8.20（**畫面①**）。

上述的設定會隨樂曲而異，此處的調節目標是要讓聲音帶點真空管的音色。調整後的聲音為 02_Alternate_2mix_normal_VL.wav。

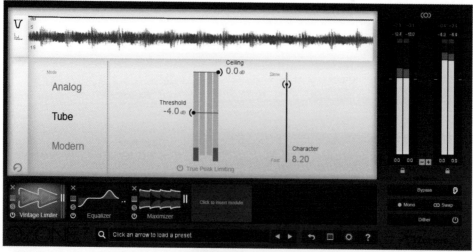

▲畫面① 起先要利用 Vintage Limiter 調整動態平衡。Mode 選擇 Tube

凸顯中頻以展現音壓感

Vintage Limiter 的後半段要掛上 Equalizer 做出有音壓感的音色。首先選擇擱架式濾波器（shelving filter），將聽覺上的敏感度會下降的超低頻—— 100Hz 以下的頻率修掉 6dB。模式則選擇 Analog（以下設定皆相同）。順帶一提，Equalizer 各頻段的濾波器有高通（Highpass）／低通（Lowpass）／擱架式高架（High shelf）、低架（Low shelf）／峰值（Bell，鐘型）類型可選擇。

接著，為了提升聲音穿透力，要選用擱架式濾波器將 4kHz 以上的頻率增幅 2.5dB。雖然樂曲風格有別，不過增幅量一定會超過 6dB 時，先回頭重新混音會比較容易提高音壓。

此外，屬於中音域的鮮明素材會略微增幅。這裡最好聚焦在音高（pitch）變化少的素材上，像是小鼓或腳踏鈸的打擊聲、拍手聲（clap）或合成器（synthesizer）的序列音色（sequence）等。這首曲子則是在 6kHz 增幅 4.6dB（**畫面②**）。上述素材都不需要用EQ做出天翻地覆的變化，調到「好像有稍微不太一樣？」的程度最為理想。音質變化得太明顯的話，提高音壓時聲音就可能變得七零八落。03_Alternate_2mix_normal_EQ.wav 為經過 EQ 調節後的聲音。

PART
5

善用母帶後期處理專用的外掛式效果器

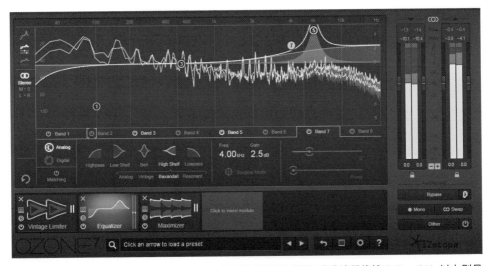

▲畫面② Equalizer 的 EQ 調節範例。100Hz 以下的頻率是以擱架式濾波器修掉 6dB；4kHz 以上則是以擱架式濾波器增幅 2.5dB。而 6kHz 中心附近再利用峰值濾波器 (peak filter) 增幅 4.6dB

以IRC III提高音壓

　　最後要加掛音量最大化效果器（Maximizer）。想有效提高音壓的話，推薦選用 IRC III 模式。而 IRC IV 的效果也很自然。請依喜好挑選。

　　此外，IRC III 有四種風格（Character Styles）可以選擇。這裡要讓效果華麗一點，所以選破音（Clipping）。這個模式能有效使音壓提升到極限。其他還有 Crisp（清脆）、Balanced（平衡）、Pumping（扭曲）等風格，每個模式的釋音時間設定不盡相同。

　　其他設定也在此一併說明。臨界值為 -5.0dB，輸出上限（Ceiling）則是為了防止破音而設在 -0.4dB。然後，調動 Character 滑桿會讓音質產生微妙的變化，這裡設成 7.52。建議慢慢調整滑桿位置，試著找出滿意的音質。最終成果為 04_Alternate_2mix_normal_Maxi.wav（**畫面③**）。

　　此外，雖然 Ozone 的提高音壓效果非常自然，然而並不代表聲音絕對不會失真。因此請在多種監聽環境中仔細確認聲音。請別人幫忙確認也是不錯的方法。

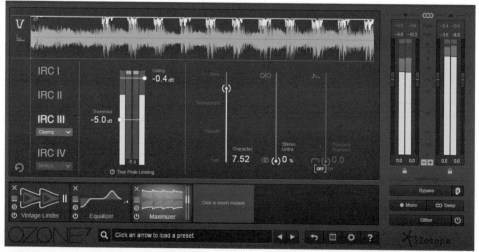

▲畫面③ 最後是利用 Maximizer 提高音壓。模式選擇 IRC III 中的 Clipping。此選項能有效地將音壓提高到極限

Cubase用 Cubase → 28
▶05_FamigliaTrueman_2mix.wav～07_
FamigliaTrueman_Maxi.wav
（僅有錄音音檔）

其他DAW用 Other_DAW → 28
▶05_FamigliaTrueman_2mix.wav
～07_FamigliaTrueman_Maxi.wav

⠿ 強調音質的操作方式

便利的自動媒合增益功能

再來是強調音質篇。僅思考「音質」時，剛完成混音的狀態應該就是最好的狀態。不過，這個狀態之下的音量偏小，如同前面的等響度曲線（equal loudness contour）中所說，感覺上頻率分布範圍的廣度會比音量大的樂曲窄，也容易製造出聲音不佳的印象（雖然只要把音量提高就能解決）。

因此，這裡要來提高音壓，但必須思考該提高到什麼程度才能取得和音質之間的協調性。所以，要利用能在此時大顯身手的 Ozone 內建的自動媒合增益功能（Gain Match）。這個功能可讓使用者以相同的音量大小試聽比較調整前的立體聲混音與經過各式效果器調節後的聲音。請到主控區（Input/Output Section）點選「耳朵」圖示（**畫面①**），並切到旁路模式（Bypass），各效果器就會進入旁路模式，但音量大小會和調整後的一樣。可能有人會問「為什麼要這麼做？」，其實這裡藏有為了強調音質的祕密。當音壓慢慢提高時，動態範圍

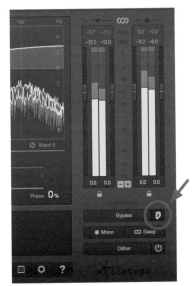

◀畫面①「Bypass」按鈕旁邊的耳朵圖示即是自動媒合增益功能的開關。啟動該功能，效果器在旁路模式下不會展現效果，但是音量感會和調節後相同

的差距會隨之變小，頻率的分布範圍通常也會跟著縮小。而此段變化便能利用這個自動媒合增益功能來聆聽比較。換句話說，音質快要變化的那一刻，即是原始立體聲混音即將遭受破壞的關鍵點。

　　想要客觀進行母帶後期處理時，自動媒合增益功能便是一種相當優秀的工具。不過要留意一下監聽環境。監聽喇叭聽不太出來的變化，有可能會在耳機或其他喇叭中顯現出來。因此要在多種監聽環境中確認聲音在不同音量下的結果。

利用IRC IV將音量最大化

　　接下來以 05_FamigliaTrueman_2mix.wav 素材來說明筆者製作的母帶後期處理範例。首先要掛上 Equalizer，選擇擱架式濾波器並將 4kHz 以上的頻率增幅 3dB，以表現穿透力（**畫面②**），效果請參考 06_FamigliaTrueman_2mix_EQ.wav。

　　再來加掛 Maximizer，Mode 選 IRC IV 中的 Modern（摩登），並將 Threshold 設在 -4dB。Character 則是 2.00（**畫面③**）。上述設定是透過自動媒合功能試聽比較之後，慎重調整的設定，效果請參考 07_FamigliaTrueman_2mix_Maxi.wav，應該可以聽出音壓感不但相當自然，質感和原始音檔也幾乎毫無差別。

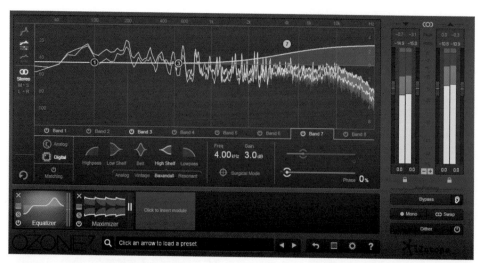

▲畫面② EQ 調節只有調整高音的穿透力

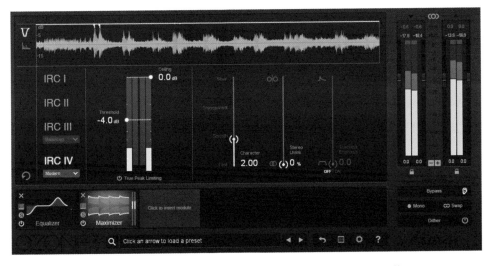

▲畫面③ Maximizer 的部分則是選用可自然提高音壓的 IRC IV 模式中的 Modern 風格

善用母帶後期處理專用的外掛式效果器

chapter 29

其他的外掛式效果器

▒ 9種適合初學者使用的外掛式效果器

以經典款為主

　　本書都是以使用 DAW 內建的外掛式效果器（plug-ins）為前提來解說，除了 Ozone，還有許多適用於母帶後期處理的外掛式效果器。礙於篇幅有限，無法全部介紹，因此這裡會以常見的效果器為主。

限幅器／音量最大化效果器／飽和失真效果器類

Waves L2 Ultramaximizer

●專業人士御用的超有名音量最大化效果器

　　Waves 就是以音量最大化效果器 L1 等多款外掛式效果器聞名的品牌。L1 在上市之初立即轟動全世界，許多工程師和製作人相繼加入使用行列，用以展開提高音壓的作業。隨後，為了進一步有效自然地提高音壓，L2 採用了可自動控制釋音時間的 ARC（Automatic Release Control，自動釋音控制）系統。此版本在提高音壓時不易出現破音或失真等情形，可說是確立近年音量最大化效果器功能走向的先鋒機種，至今仍受到許多工程師／音樂人的青睞，筆者也很常用。聲音質感不但圓潤乾淨，個性也不會太強烈，非常適合用於 EQ 或飽和失真效果器（saturator）調整音質過後，用以略微提升音壓。

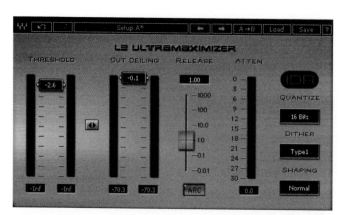

Waves L3-LL Multimaximizer

●推薦使用電子舞曲類

　　Waves 推出的音量最大化器種類相當多元，其中的 L3-LL Multimaximizer 在音質方面獲得相當高的評價。這款效果器具有五個頻段，能漂亮地提高音壓。就個人經驗而言，通常選用預設值（presets）中的「Loud and Proud」風格來提高音壓，能得到非常優異的效果，因此筆者也經常利用此參數設定來編輯聲音。

想讓電子舞曲類樂曲的力道更強勁時，請務必嘗試看看。

PART
5

善用母帶後期處理專用的外掛式效果器

Dotec-Audio DeeMax

●操作簡單又可強勢提高音壓的工具

　　操作方式十分簡單的音量最大化效果器。只要推高滑桿就能補強音壓感，可憑直覺操作的設計對初學者也很友善（順帶一提，Output 固定在 -0.1dB）。而且按下 TURBO 按鈕，就能賦予聲音強勁的力道。只要看一眼 RMS 表便能明白音壓會一瞬間飆高。而按下 SAFE 開關可降低飽和度（saturation）過載產生的失真效果，自然流暢地提高音壓。

IK Multimedia T-RackS Stealth Limiter

●忠於原音的音量最大化效果器

　　這款以「讓動態表現依舊帶有透明感且層次豐富」為訴求的音量最大化效果器，提升音壓時可如實表現出原音音色。雖然沒有華麗的效果，不過不會破壞混音平衡，因此想盡可能在不潤飾音色的狀態下提高音壓時，便能有效利用。此外，啟動統一音量監測器（unity gain monitor）後，音量大小就會和原音相同，能輕鬆比較聲音在音壓提高後的變化。想要增加一些飽和失真的破音效果時，也可選用 Harmonic 1（真空管風格）或 Harmonic 2（固態風格）模式來為音質增添個性。另外，若啟動超低頻濾波器（infrasonic filter），便會自動啟用可將 22Hz 以下的頻率修掉的濾波器。一般在提高音壓時，聽覺上常會受到超低頻能量的干擾，進而影響提高音壓的效果，而此功能便能在這個時候派上用場。

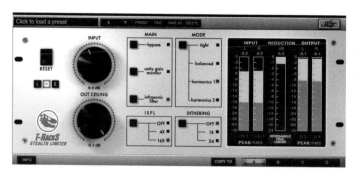

IK Multimedia Lurssen Mastering Console

●知名工程師們的技巧精髓

　　以經手多座葛萊美得獎作品、位於洛杉磯的母帶後期處理錄音室「Lurssen Mastering Studios」使用的設備為模型所設計而成的軟體。由多種音訊處理器構成的路徑雖然複雜，不過該設計的一大特色就是能利用直覺靈活操控。只要從細分成 25 種類型的「Styles」預設值中選擇模式，再利用 INPUT DRIVE（輸入驅動）和 PUSH（增強）旋鈕調節，就能輕鬆完成母帶後期處理。每種處理器

皆可編輯，不過參數會壓在最低設定。音壓當然也能充分提高，能以簡單的操作方式均衡地展現專業母帶後期處理的音質，即是這款軟體的魅力。這款是少數兼顧強調音壓與強調音質、任誰都能輕鬆上手的母帶後期處理軟體。

Brainworx bx_limiter

●結合飽和失真效果器和限幅器的外掛式效果器

　　Brainworx 是母帶後期處理軟體的知名品牌。此軟體是限幅器與飽和失真效果器的綜合機型，參數少相當容易上手。並且支援 32 段調控的取消（Undo）／返回（Redo）功能，不小心失手時還能返回先前的設定，設計十分友善。限幅器方面，提高音壓的效果非常乾淨是一大特色，而調高可設定飽和失真效果的「XL」旋鈕，就能強力補足飽和失真的破音效果，增添聲音力道與華麗質感。不過，「XL」旋鈕轉得太大也會讓破音效果更明顯，需要多加留意，但這款效果器確實兼具限幅器與飽和失真效果器的優點。

Dada Life Sausage Fattener

●母帶後期處理也適用的飽和失真效果器

　　由 EDM 界的知名 DJ ／製作人「Dada Life」所開發的飽和失真效果器。音色變化激烈且個性十足，因此母帶後期處理使用時要小心聲音變形，不過若能掌握效果器的特殊風格，就能用來大幅提高音壓，效果也會相當華麗。尤其，當想做出 EDM 類型的獨特音壓感與飽和失真的破音效果時，效果會非常好。

而利用 COLOR 旋鈕固然能有效讓音色產生激烈變化，但在母帶後期處理時會對混音平衡造成影響，因此要避免太劇烈的變化。

免費軟體的輔助工具

FLUX:: Stereo Tool V3

●可變更立體聲成像寬度的相位關係表

　　具有可用來檢視立體聲音場的李賽圖形示波器（Lissajous Vectorscope）以及相位關係表（Correlation Meter）等儀表的外掛式效果器。進行 M ／ S 處理時尤其方便。除了儀表之外也具備其他多項功能，可調整左右聲道的輸入增益（L ／ R Input Gain）、相位（Phase）、聲音定位（Pan）、立體聲成像

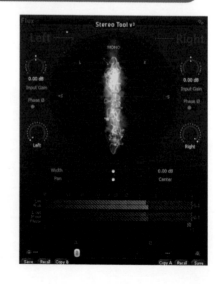

寬度的相位反轉（Phase Reverse Switch）、立體聲成像寬度（Global Stereo Width）等。請至 http://www.fluxhome.com/download 下載安裝 FluxCenter.app，啟動該程式後即可安裝 Stereo Tool V3。

IK Multimedia T–RackS Custom Shop

●配備 RMS 表與支援 M／S 處理的 EQ

T-RackS Custom Shop 是擁有八條外掛式效果器插槽、軟體內最多可安裝十二台效果器模組，作用類似外掛式效果器的平台。各模組雖然需付費購買，不過此平台本身可免費下載，並內建 RMS 表（RMS Meter）、峰值表（Peak Meter）、相位關係表、頻譜分析儀（Spectrum Analyzer），甚至連支援 M／S 處理的 EQ 都有。而且只要安裝 T-RackS Custom Shop[譯注]，就能試用前面介紹過的 T-RackS Stealth Limiter，試用期為 14 天。此軟體的下載網址為 http://www.ikmultimedia.com/products/trcs/（需先建立帳號，登入帳號後方可下載）。

譯注：T-RackS Custom Shop目前版本為T-RackS 5 Custom Shop，可選擇下載安裝此軟體並試用T-RackS Stealth Limiter，或單獨付費下載T-RackS Stealth Limiter使用。T-RackS Stealth Limiter目前版本則相同。

善用母帶後期處理專用的外掛式效果器

音壓參考作品④

《完美飆樂》
(Perfectamundo)
ZZ TOP之比利吉本斯(Billy Gibbons And The BFG's)

●鋒利前衛又和諧均衡的聲音

由傳奇搖滾天團ZZ Top的吉他手「比利·吉本斯(Billy Gibbons)」另組樂團推出的個人專輯。此作品的動態範圍做得相當有技巧，RMS最大值雖然有時候相當大，整體的音壓卻調得恰到好處，平衡表現非常優異。最優秀的地方在於，為了讓混音表現均衡協調，以壓縮器調控出的獨特音色，讓聲音整體呈現出鋒利前衛的質感。人聲的動態處理也十分出色，聲音部分保留了老搖滾風格，同時又帶有類似AutoTune調音後的味道，成品不但具有抑揚頓挫，而且現代感十足。尤其是以康加鼓(conga)、天巴鼓 (tim-bales)等打擊樂器組成的打擊樂音色，混音相當優秀，和吉他的失真破音效果(distortion)之間的對比，完美營造出鮮明的拉丁搖滾風格。

PART **6**

CD & 線上音樂的音檔製作

雖然已經完成音質和音壓的調整,但母帶後期處理還沒有結束喔。緊接著要將母帶音檔從 DAW 匯出,再轉成 CD 或 MP3 等可在媒體上發表的格式。母帶後期處理在完成終端媒體要用的母帶之後才算告終。本章會針對上述作業加以解說。這裡也會說明前面尚未提到的部分,即是同一張專輯中收錄多首樂曲的母帶後期處理技巧。

30 專輯中收錄多首樂曲的母帶後期製作

一條音軌匯入一首樂曲

樂曲在匯入後要先設成靜音

截至目前為止的說明都是單首樂曲的音壓和音質調控。然而，母帶後期處理常會經手專輯製作等多首樂曲的調整作業。這裡要來介紹這類作業的操作方法。而音壓和音質的具體調控方式在單首或多首樂曲上並無差別，因此請參照 PART 3 與 PART 4。

進行多首樂曲的母帶後期處理時，要先新增專案檔，再將立體聲混音檔匯入（Import）各音軌中。意思就是一條音軌一首樂曲。曲目順序確立之後，請按照順序將樂曲由上至下排列。然後，將所有音軌都切成靜音，避免同時播放。要是忘了做這項動作，很可能不小心讓所有樂曲同時播放出來，就會因為音量爆大而導致喇叭損壞，所以記得要先設為靜音。

接下來要在主音軌（Master Track）上插入（insert）RMS 表，然後將各音軌在音質調節與提高音壓時會用到的等化器（equalizer，EQ）、限幅器（limiter）、音量最大化效果器（maximizer）等效果器都加掛上去。

再來要新增音軌並匯入參考樂曲。在挑選專輯的參考樂曲時，如同 chapter 16（P122）所述，要以整張專輯中最核心的樂曲或第一首樂曲為基準。當然，這條音軌也要先切成靜音。

利用單獨播放模式聆聽比較

畫面①是多首樂曲的母帶後期處理的 DAW 操作畫面。這是已設成唯有要進行作業的樂曲音軌才會以單獨播放模式播放的狀態。

母帶後期處理要先處理要做為參考樂曲的樂曲。由於最先進行母帶後期處理的樂曲會成為整張專輯在音壓與音質上的基準，因此要慎重行事。此外，如同chapter 16 所述，每當要大幅改變樂曲風格時，最好都要先選出參考樂曲，這樣才能做出好作品。

完成最先做的曲子之後，就可以按照曲目順序依序繼續作業。當中途想更換順序時，先上下移動音軌就能避免混淆。要做下一首曲子時，請時常檢視音壓或音質與上一首的差異。切換到單獨播放模式即可立即比較，非常方便。做完幾首之後，再從最先做的樂曲聽起，這樣比較容易保持客觀性。

　　還有，有疑慮的地方可以先標記起來，以便隨時試聽。音壓的做法也是如此，調節時要同時顧及質感，特色鮮明之處請反覆聆聽確認。此外，當遇到音壓怎麼也無法提高的樂曲時，請不要勉強提高，先記下來並暫停作業。

　　當所有樂曲都完成母帶後期處理後，再次試聽比較並檢查所有曲子在音壓和音質上的差異。在 DAW 上進行母帶後期處理的好處是，可以在混音控台（mixer）的操作畫面中比較各樂曲的效果器設定，也能隨時切換到單獨播放模式比較彼此的差別。請反覆檢視直到滿意為止。

　　無法順利提高音壓的樂曲則要返回混音階段重新檢查平衡表現。若是評估結果顯示問題並非出在混音的話，建議最好配合該樂曲重新調整整張專輯的音壓。此外，重新檢視曲目順序也能有效改善不一致的地方。

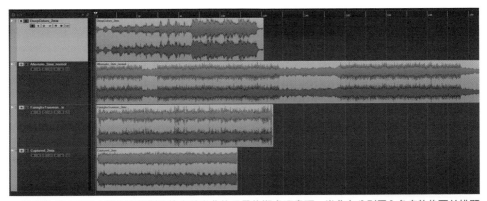

▲畫面① 在 DAW 中進行專輯製作等多首樂曲的母帶後期處理畫面。樂曲在分別匯入各音軌後要並排顯示，播放時要切換成單獨播放模式。主音軌要插入 RMS 表，各音軌則插入音質及音壓調節上會用到的外掛式效果器

音樂合輯的母帶後期處理

調節音壓的方式

近年也很常見到音樂合輯。經營音樂廠牌的讀者想必很常接觸合輯作品。音樂合輯雖然也會進行母帶後期處理，不過樂曲在很多時候都已經完成母帶後期處理了。在這種情況下，母帶後期處理的做法會跟一般專輯不太一樣。

首先，要從全部的樂曲當中挑出聽覺上音壓最高的曲子做為參考樂曲。這時雖然也會參考 RMS 表，不過 RMS 值顯示最大，不代表聽覺上的音壓感也是如此。因此請務必用耳朵確認聲音的狀態。

接著，要檢查所有作品的音壓是否有大小不均的地方，並做筆記。當然，最後也要用耳朵確認一遍。然後從音壓聽起來較低的樂曲開始處理，利用音量最大化效果器等器材讓 RMS 值提高 2 ～ 3dB 左右。若是音壓感聽起來已經和參考樂曲相同，而且樂曲的細膩表現與平衡表現也沒有走樣的話，即可處理下一首樂曲。假如音壓聽起來比參考樂曲高，請先把音壓調低到差不多的大小。

此時的問題通常在於提升 2 ～ 3dB 還是會出現音壓不足的情況。根據筆者的經驗，若是以音量最大化效果器將音壓提高超過 3dB 的話，平衡表現大多都失衡，而且可能會做出和原先目標不同的作品。當音壓需要提高超過 3dB 時，就不要提高音壓了，要調低參考樂曲的增益（Gain）。大多的 DAW 內建都有可調節增益大小的工具或外掛式效果器，一般標示「Trim」或「Gain」（**畫面①**）。請插入（insert）這類功能簡易的外掛式效果器，並將增益最多調低約 1 ～ 2dB。

以上的作業大致能改善音壓大小不一的情況。要是這樣還無法解決時，最好重新在音壓低的樂曲上進行母帶後期處理。

樂曲質感要維持不變

　　收錄在合輯中的樂曲，想必都各有各的質感。因為每首樂曲的混音平衡與質感都是依照每一位創作者的想法來調整，所以無法以哪首為基準來調和質感。勉強使用 EQ 調節的話，有可能改變創作者原先設定的質感，從母帶後期處理的目的來看，根本是本末倒置了。基本上，最好要避免使用 EQ 等效果器調整質感。真的覺得不妥時，可再次評估曲目順序，重新排列組合，盡量不要把樂曲質感不同的曲子排得太近。

　　如果是創作者希望調整質感，用 EQ 修正即可。若在已於母帶後期處理補強過音壓的樂曲上直接再進行 EQ 調控，可能會導致聲音破掉失真，因此可先把增益調低 1 ～ 2dB 左右再進行作業，最後還是不足的話，再利用音量最大化效果器將音壓最多調高約 1 ～ 2dB。不過，上述做法得基於創作者的意願才可進行。基本上，進行 EQ 調控時一定要多加留意，「稍微」處理一下就好，以免破壞原音的質感。

◀畫面① Cubase 的各音軌都
有內建增益工具

實際操作合輯的母帶後期處理

　　在了解音樂合輯的母帶後期處理之後，現在就來實際操作。先把已完成母帶後期處理的音檔當做合輯的樂曲來試做看看。請將下載素材中的下列音檔匯入 DAW。

● **人聲類型**：01_DeepColors.wav
● **無人聲類型**：02_Captured.wav
● **電子樂類型**：03_Alternate_normal.wav
● **原聲類型**：04_FamigliaTrueman.wav

　　首先要聆聽比較各樂曲的音壓與質感，思考曲目的順序。其實原本在設計曲目順序時，也必須將合輯的專輯概念納入考量，不過這裡會以方便判斷為優先，以音壓和質感來決定曲目順序。

　　在試聽比較各樂曲之後，會發現無人聲樂曲的音壓聽起來最高。人聲類型則相反，儘管後半段的音壓升高了，但前半段的感覺較為安靜，因此可將這兩首歌的質感視為對比鮮明的類型。在曲目順序方面，將這兩首歌的位置拉開，聽覺上會比較順，所以人聲類型會放在第一首，無人聲類型則是第四首。而原聲類型的質感和人聲類型較為接近，因此放在第二首，電子樂類型放在第三首（**畫面②**）。

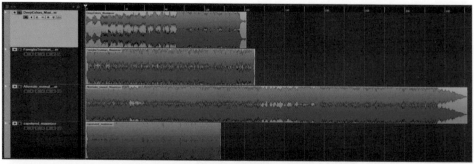

▲**畫面②** 先將已完成母帶後期處理的樂曲匯入 Cubase，再決定曲目順序的操作畫面。曲目順序由上至下、第一首為人聲類型，其後依序為原聲類型、電子樂類型、無人聲類型

下載素材

Cubase用
▶01_DeepColors.wav～08_compi_
Captured.wav（僅有錄音音檔）

其他DAW用
▶01_DeepColors.wav
～08_compi_Captured.wav

　　在這個曲目順序中，無人聲類型的音壓感還是很高。不過，由於其他樂曲也補強過音壓了，所以音壓的調節只能就此打住。此處要將無人聲類型音軌的增益調低 1.5dB 左右。這樣就能讓無人聲類型的樂曲融入到其他類型中（**畫面③**）。

　　接下來要調低監聽音量，以檢查各樂曲間的音壓差異。在這個步驟中沒有感覺音壓大小不一的話，此作業就完成了。以大監聽音量檢視質感，用小監聽音量檢查音壓，可讓確認作業更加流暢。記得也要利用耳機反覆確認相同項目。此過程中完成的四首樂曲音檔，請參見 05_compi_DeepColors.wav ～ 08_compi_Capture.wav。請參考音檔，動手試做母帶後期處理。

　　另外，長時間作業可能會失去客觀性，最好休息片刻或每做完一個階段稍後再試聽。此建議並非僅限於音樂合輯的母帶後期處理。如果條件允許的話，可以請其他人試聽並徵詢意見，這個動作也很關鍵。

PART
6

CD
＆
線
上
音
樂
的
音
檔
製
作

◀畫面③ 母帶後期處理結束時的 Cubase 混音控台畫面。僅在無人聲類型的音軌通道條（Channel Strip）上將增益調低 1.5dB

chapter **31** 母帶後期處理後的音檔匯出方法與
樂曲間隔設定

製作母帶音檔

因應發表形式的多元化發展

　　音壓或音質上的調整完成之後，並不代表母帶後期處理已經完成。如果是專輯製作的話，還要進行樂曲間隔的設定及最終母帶（master）音檔的匯出（Export）等作業。這裡要來解說音檔匯出的基本設定，樂曲間隔的設定則稍後說明。

　　以往在匯出母帶音檔時，通常會配合最終發表形式來選擇轉檔的音訊格式（audio file format）。然而，近年有些網站已經可以提供優於 CD 音質，也就是所謂高解析音樂（high-resolution audio ／ Hi-Res）的串流或下載服務。如果是個人提供的串流或下載服務，說得極端一點，有可能什麼規格都能支援。因此考慮到未來的發展，直接以母帶後期處理的格式來製作母帶音檔，應該比較理想。隨後可再視情況轉檔（**圖①**）。

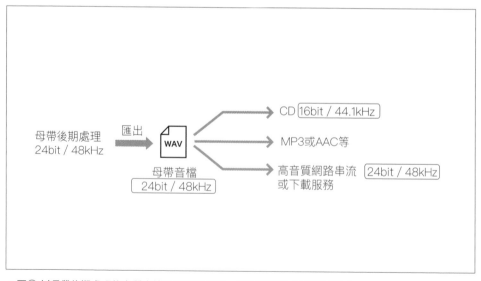

▲圖① 以母帶後期處理的音質直接做成母帶音檔，再依發表形式轉檔的範例

多花心思在檔案的存檔位置與檔名上

在進行匯出程序時，除了要匯出的音軌之外，所有的外掛式效果器（plug-ins），包含插在主音軌（Master Track）上的 RMS 表等儀表都要先關掉。相較於混音階段，母帶後期處理會用到的效果器相對不多，所以幾乎不會出現雜訊（noise）等狀況，不過還是不要占用電腦太多資源比較好，這點就不需要贅述了。當音檔在匯出後還是出現雜訊時，也會比較容易找出原因。當然，為了不在匯出的當下加重電腦的負擔，也要避免同時進行其他操作。

然後，建議要在母帶音檔的存放位置與檔名上建立自己專屬的規則。筆者會在用來存放母帶後期處理專案檔的資料夾名稱中加上「MASTER」，並且在存檔時預先將檔名設成「曲目順序＿曲名.wav」或「曲目順序＿演出者＿曲名.wav」等（**畫面①**）。還可以考慮在檔名中標上日期。此外，母帶音檔一定要複製備份。最好另外備份到外接式硬碟或燒成光碟，讓檔案遺失的危險性降到最低。

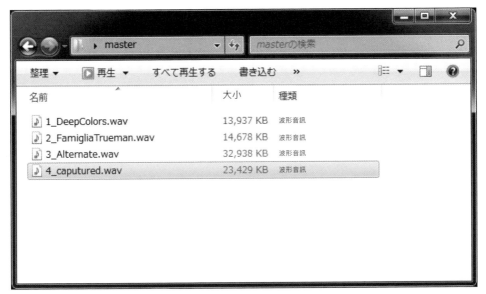

▲畫面① 母帶音檔的存檔範例

::::: 樂曲間隔的設定

樂曲開頭預留0.5s

在製作母帶音檔上還有另一個重點，就是要在樂曲前後加上一段無聲的時間。

首先會在樂曲開頭置入約 0.2～0.5s 的無聲部分。因為要確保音樂的開頭在 CD 播放器播放時不會消失。利用 CD 燒錄軟體或母帶後期處理軟體製作 CD 時，需要在樂曲開頭之處設置稱為起點（start point）之類的標記，而這個起點在 CD 播放器中就會成為音軌的起始點。如果起點和樂曲起頭之間沒有無聲的部分，尤其是在舊式的 CD 播放器播放音樂時，樂曲開頭可能會消失，或是出現「啪」聲之類的雜訊，因此要多加注意。

若是自己燒錄成 CD 再放入電腦裡播放，往往都不會注意這方面的問題，所以一定要記得加入無聲的部分，最後也要在 CD 播放器中確認狀態。

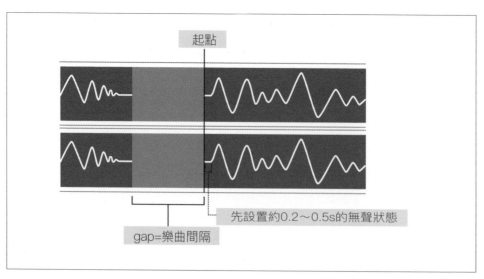

▲圖① 過去的母帶後期處理會在樂曲結束與起點之間另外設置一段稱為「gap」的空白時間，用以設定樂曲間隔

歌曲結束後的無聲部分即為樂曲間隔

　　樂曲結束後的無聲部分便會形成所謂的「樂曲間隔（pause time）」。在以 CD 為主要聆聽載具的年代，需要利用 CD 燒錄軟體或母帶後期處理軟體，在音檔最後與起點之間另外設置一段稱為「空隙（gap）」或「暫停（pause）」的空白時間，用以設定樂曲間隔（**圖①**）。這個方法雖然還是有人使用，不過近幾年 CD 大多已經不設置「gap」，而是改在樂曲終點置入一段無聲時間來當做樂曲間隔。

　　這種做法有一個好處，當音樂從 CD 轉檔（rip）後放到隨身聽等裝置中播放時，可如實呈現創作者對樂曲間隔的設定。有的轉檔軟體在轉檔時會如實保留 CD 上的「gap」，有些則不會（許多轉檔軟體都可讓使用者自行選擇）。此處要探討的便是「gap」被自動消除的情況。因為這樣一來，本來依照專輯整體流暢程度，精心安排的樂曲間隔也會因此失去意義。近年已經很少人會聽整張專輯，因此聽眾是否能聽出樂曲間隔的巧思也令人憂心。可是，只要事先在樂曲間做出間隔，就可讓專輯在轉檔播放時，依舊能完整呈現創作者的精心安排（**圖②**）。

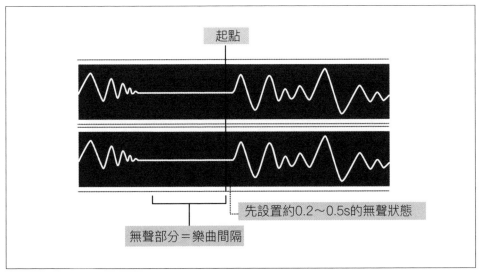

起點

先設置約0.2～0.5s的無聲狀態

無聲部分＝樂曲間隔

▲圖② 現在的 CD 通常已不設置「gap」，而是利用樂曲結束後的無聲部分做出樂曲間隔

PART

6

CD＆線上音樂的音檔製作

在母帶後期處理專案檔上檢視樂曲間隔

完成音壓和音質的調整之後，要考慮樂曲間隔長度來設定匯出（export）範圍，再匯出各樂曲。接著在同一個專案檔中新增一條音軌，將已匯出的音檔按照曲目順序在音軌中緊密地前後一字排開（**畫面①**）。然後播放此音軌，同時檢視樂曲間隔的長度。如果有不滿意的地方，可重新設定匯出範圍再匯出一次，調換音檔之後再檢查一遍。

樂曲間隔既沒有固定的長度，歌曲結束的方式與起頭方法也是五花八門。而間隔時間做得很長，也能是刻意做出的效果（像隱藏版歌曲那樣）。要是抓不到感覺，可以找幾張喜愛的專輯確認一下。大多是在幾秒鐘上下。雖然是短短的幾秒鐘，不過這段間距通常能夠使專輯整體的形象更完整，因此設定時要盡可能有具體的想法。

樂曲間隔的設定範例

接下來介紹幾個樂曲間隔的設定範例。當樂曲是以淡出（fade out）的方式結束時，下一首開始之前的無聲部分做得太長的話，往往會有呆板的感覺。此

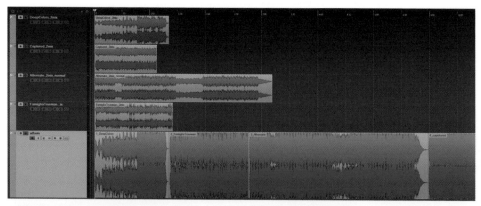

▲畫面① 在 DAW 上檢視樂曲間隔的畫面。上方為已完成母帶後期處理的音軌，最下方是匯出後、用以並排方式檢視樂曲間隔的音軌

外，淡出曲線的設定也會影響樂曲形象。基本上不會選擇直線，而是像**畫面②**那樣將樂曲即將結束時的感覺設成緩慢衰減的曲線，這樣聽起來會比較自然。多數人在混音階段匯出音檔時，可能已經選用了直線型的淡出曲線，不過在匯出母帶音檔時，請先試試畫面②那種弧度的淡出曲線。而以淡出效果以外的方式結束的樂曲，樂曲餘音的處理方法會變得至關重要。假設要處理殘響效果的尾音，就要讓殘響的長度配合樂曲節拍，例如利用兩小節到四小節的長度畫出淡出曲線讓殘響效果慢慢消失，其後再設定無聲部分（**畫面③**）。想要在幾乎沒有上一首的餘音狀態下明快地銜接到下一首歌曲時，可按照上一首的節拍在曲末設定兩拍長或四拍長的間隔，這樣也能做出類似 DJ 接歌的效果。

　　然後，在製作母帶音檔的最後階段，便要在淡出結束後另外加上一段約 0.2s 的無聲時間，如此就能避免在舊式 CD 播放器播放時會出現雜訊的問題。總結一下，樂曲開頭的無聲部分加上樂曲結束的無聲部分即為樂曲間隔。隨身聽等裝置若選擇隨機播放模式，樂曲間隔也會跟著改變，雖然沒有必要嚴格配合小節數或節拍數設置間隔，不過還是能做為一個基準。

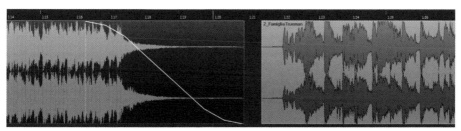

▲畫面② 以淡出方式結束的樂曲間隔設定。此處的無聲部分設為 0.5s。選用聽起來自然流暢的淡出曲線也很重要

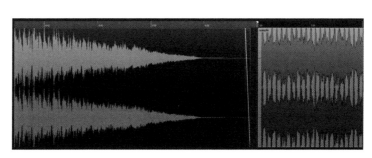

▶畫面③ 長餘音的樂曲間隔設定。無聲部分略長於 0.5s，並將最後面的殘響效果加上一點淡出效果，以消除和無聲部分銜接時的不協調感

chapter 32

CD音檔的轉檔與燒錄方法

製作16bit／44.1kHz音檔

轉檔會改變音質

這裡要說明母帶音軌製成 CD 的做法。若是母帶音軌的規格為 16bit／44.1kHz，可直接匯入 CD 燒錄軟體中（參閱 P216～）。不過若是 24bit／48kHz 以上的格式，就需要轉換規格（convert）。首先來解說這項工程。

在 DAW 中匯出立體聲混音音軌時可選擇檔案格式（**畫面①**）。最單純的方式就是將母帶音檔匯入 DAW 中，並以 16bit／44.1kHz 格式匯出。此時的匯出範圍必須和母帶音檔的長度一致，否則可能會導致樂曲間隔出現變化，要多加留意。

規格轉換本身是一項單純且操作簡單的作業。然而音質的變化是一個大問題。可惜的是這點無法避免。因為要把高位元／高取樣頻率的資訊降轉到 16bit／44.1kHz 格式，就不可能維持相同音質。而有些 DAW 內建的取樣頻率

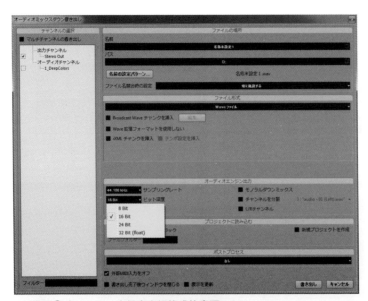

▲畫面① 在 Cubase 上設定音訊格式的畫面

轉換器（sample rate converter）的效能很好，所以可以先比較一下音質在匯出前後出現什麼變化。

降轉取樣位元時可嘗試利用位元降轉器

在位元數（bit）方面，有時候可以利用位元降轉器（Dither）或 Dithering 技術將音質變化減到最小。這項技術是透過將特殊的雜訊混入原音中，讓聲音得以重現原位元數的圓滑表現，而且有時會以外掛式效果器（plug-ins）的形式內建在 DAW 中，或是內建在匯出功能的項目中。順帶一提，Dithering（混色）也是常見的影像處理技術，不是聲音獨有的功能。影像方面是為了防止位元降轉導致解析度變差，因此還是將特殊雜訊混入原訊號中，以表現鄰近色深與圓滑度。

音訊專用的位元降轉器以 Apogee UV22HR 或 POW-r（**畫面②**）較為知名，其他還有 WAVES IDR 等。Cubase 則有內建外掛式的 UV22HR。接下來便要使用這款外掛式效果器來確認效果。

此外，位元降轉器並非萬能，不同素材的效果也有差異。若要使用的話，可另外做一個未使用的檔案，聆聽比較兩者的差別。

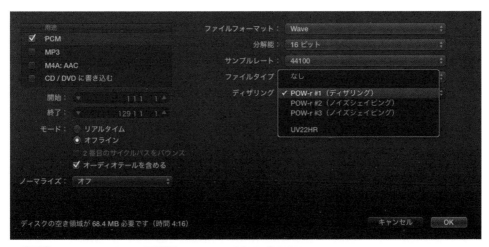

▲畫面② Apple Logic Pro X 可選擇 Apogee UV22HR 或 POW-r

體驗位元降轉器的效果！

從24bit降轉到16bit

接下來要將 UV22HR 的外掛式效果器插入（insert）主音軌（Master Track），看看有無使用位元降轉器（Dither）會產生哪些差異（**畫面①**）。此處是將已完成母帶後期處理的 24bit ／ 44.1kHz 素材降轉成 16bit ／ 44.1kHz 格式。如果手邊的 DAW 內建有的話，可將 DAW 設成 24bit ／ 44.1kHz。

〈人聲類型〉

●原始音檔（24bit）：01_DeepColors_Master_24.wav

●未使用 Dither（16bit）：02_DeepColors_Master_16.wav

●使用 Dither（16bit）：03_DeepColors_Master_16Dither.wav

使用位元降轉器較能保留 24bit 版本的質感，殘響效果（Reverb）也能充分展現出來，讓作品帶有透明感。然而沒有使用的版本則因為殘響效果發生變化，連帶改變餘音的表現。看來這類樂曲的效果差異會反映在有加殘響效果等音量較小的聲音上。殘響效果是表現空間深度與高傳真質感（Hi-Fi）的關鍵要素，若要發揮高位元環境做出的成果，位元降轉器可帶來莫大的效用。

〈無人聲類型〉

●原始音檔（24bit）：04_Captured_Master_24.wav

●未使用 Dither（16bit）：05_Captured_Master_16.wav

●使用 Dither（16bit）：06_Captured_Master_16Dither.wav

有無使用位元降轉器的變化主要反映在小鼓（snare drum）的音色上。有使用的結果充分保留了 24bit 版本的清晰鼓聲。而未使用的小鼓音色則出現若干變化。

〈電子樂類型（正常混音版本）〉

●原始音檔（24bit）：07_Alternate_Master_normal_24.wav

●未使用 Dither（16bit）：08_Alternate_Master_normal_16.wav

下載素材

▶ 01_DeepColors_Master_24.wav
~15_FamigliaTrueman_Master_16Dith
er.wav（僅有錄音音檔）

▶ 01_DeepColors_Master_24.wav
~15_FamigliaTrueman_Master_16Dither.
wav

使用 Dither（16bit）：09_Alternate_Master_normal_16Dither.wav

打擊樂（percussion）的音色出現少許變化。有使用的版本聽起來較為圓滑，未使用的聲音輪廓較為具體。可算是個人喜好問題。

〈電子樂類型（強力混音版本）〉

原始音檔（24bit）：10_Alternate_Master_loud_24.wav

未使用 Dither（16bit）：11_Alternate_Master_loud_16.wav

使用 Dither（16bit）：12_Alternate_Master_loud_16Dither.wav

強力混音（loud mix）方面，未使用位元降轉器的吉他殘響效果會稍弱，聲音也因而移到比較前面的位置。這個也可依喜好選擇。

〈原聲類型〉

原始音檔（24bit）：13_FamigliaTrueman_Master_24.wav

未使用 Dither（16bit）：14_FamigliaTrueman_Master_16.wav

使用 Dither（16bit）：15_FamigliaTrueman_Master_16Dither.wav

變化出現在殘響效果較厚的打擊樂音色上。使用位元降轉器可自然呈現殘響效果，未使用時的殘響效果有變薄的感覺。因此，這種時候使用會比較理想。

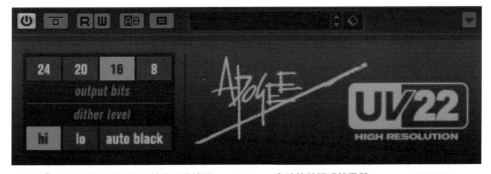

▲畫面① 在各母帶音檔上使用的位元降轉器——Cubase 內建的外掛式效果器 Apogee UV22HR

⠿ CD的燒錄方式

有支援DAO模式的軟體皆可使用

　　終於要進入 CD 燒錄的作業了。只要有支援 DAO（disc at once，一次燒錄）的燒錄模式，任何一種軟體皆可使用。筆者使用的是 Steinberg WaveLab。近年有些 DAW 也有內建 CD 燒錄功能。這類產品只需使用同款 DAW 即可完成母帶後期處理。

　　燒錄時會先依母帶音檔的曲目順序匯入檔案，而可設定「gap（空隙）」或「pause（暫停）」等樂曲間隔時間的類型，只需設成「無」或「0s」即可（**畫面①**）。軟體若是可以輸入 CD 版權資訊（CD-Text），就先填寫演出者名稱和曲名等文字資訊（請同時參照 P224 的 chapter 34）。

　　此外，將 CD 母帶交付壓片廠之前，也要一併附上從軟體匯出的 CUE 指令

◀畫面① 筆者使用的燒錄軟體 Steinberg WaveLab 的 gap 設定畫面

▶畫面② CUE 指令碼表單。表單中記載了音軌名稱及各類時間資訊等內容

碼表單（cue sheet，又稱 PQ sheet、PQ code、PQ List）。此表單記載了音軌的起始時間及樂曲的空白間隔等各類相關資訊（**畫面②**）。

盡量選用高品質的燒錄機與光碟片

用來製作 CD 母帶的 CD-R 光碟燒錄機，最好選用高品質的外接式產品。可惜的是，在音樂製作上廣受好評的 CD 光碟燒錄機幾乎都已經停產了。筆者使用的 Plextor 這款 PlexWriter Premium2 CD 光碟燒錄機（**照片①**）也停售了。

一般在燒 CD-R 片時，建議選用低倍速燒錄。不過，若是使用近來推出的可同時支援 DVD-R 燒錄的高速 BD-R 藍光燒錄機，選擇一定程度的高速來燒錄，通常效果會比低倍速好。因此最好多加嘗試各種燒錄速度。附帶一提，Plex-Writer Premium2 不使用高倍速，一般選擇 4 倍速即可做出高品質的母帶。

另外，要在市面上流通就必須內含 ISRC 國際標準錄音錄影資料代碼（The International Standard Recording Code ╱ ISRC Codes，簡稱 ISRC 碼）。這個部分會在 chapter 34（P224）說明。

◀照片① 筆者使用的 CD–R 光碟燒錄機 Plextor PlexWriter Premium2。這款廣受好評的燒錄機目前已經停售。照片中的同款燒錄機則是收納在特製的機櫃中

DDP

將聲音封存為映像檔（image file）

壓製 CD 時，除了以 CD 形式交付以外，也可以用 DDP 母帶格式檔案。由於音樂出版業界直接交付 DDP 檔案而非 CD 母片的情況愈來愈常見，因此要在此先介紹一下。

DDP 為 Disc Description Protocol（光碟描述協定）的縮寫，是為了讓已完成母帶後期處理的音源音質，在送交給壓片廠壓片時能盡量維持不變而研發出的做法。類似磁碟映像（disk image）的 DDP 檔案主要由四種檔案組成，日本業界約從 2005 年開始採用此規格。

DDP 為資料檔，好處就是可以記錄在 CD-ROM 或 DVD-ROM 等各種資料儲存裝置中，所以製作 CD 母片時無須擔心音質等內容出現誤差。而且通常也能透過網路傳送給壓片廠，交期也得以縮短。

▲畫面① WaveLab 的 DDP 檔匯出功能

由於 DDP 在登場之初，可製作檔案的母帶後期處理軟體相當罕見，再加上價格也比較昂貴，所以過去並沒人很多人知道這個方法，不過近年來 Steinberg WaveLab 這類業餘人士相對容易入手的軟體也有配備匯出 DDP 檔案的功能（**畫面①**）。

由四種檔案組成

DDP 檔案由四種檔案組成，其一為包含所有樂曲音訊的音訊映像檔（IMAGE.DAT），其他則有 DDPID、DDPMS 這類記載了光碟基本資訊的檔案，以及一種稱為 PQDESCR 的檔案^{譯注}，當中記載分軌（TRACK）、段落索引（INDEX）、ISRC 碼等資訊（**畫面②**）。映像檔之外的檔案都可以用文字編輯器打開確認內容。

DDP 的缺點則是必須有支援 DDP 功能的軟體，才能確認映像檔中記載的聲音資訊。近年市面上已經有可讀取 DDP 檔回放音軌的簡易版 DDP 播放器軟體。

▲畫面② 完成版的 DDP 檔。由左邊數來第三個檔案即是將聲音封存在其中的映像檔

譯注**PQDESCR**：四種檔案的英文原名分別為 Audio image(.DAT file)、DDP Identifier (DDPID)、DDP Stream descriptor(DDPMS)、Subcode descriptor。這些檔案都是壓片廠的壓片機可讀取的資料檔，能避免轉檔產生的錯誤。

33 網路串流與下載服務

:::: 線上音樂平台與作品規格

要如何在網路上發表作品？

在網路上發表個人音樂創作的方式有好幾種。最簡單的方式是透過 Sound-Cloud（http://soundcloud.com）這類專門提供音樂串流服務的線上平台發表。檔案格式除了 MP3、AAC 等壓縮檔以外，連 WAV、AIFF 這類非壓縮檔也有支援。

此外，像 YouTube（http://www.youtube.com/）、NicoNico 動畫（http://www.nicovideo.jp/）這類影音串流平台也是常用的管道。上傳時雖然需要製作影片檔，不過使用圖片並以音樂為主的影片也很常見。

而由 iTunes Store 或 Beatport 等企業經營的付費式線上音樂平台，就得透過發行商等整合業者上架，有時候也必須和音樂廠牌簽約。不過也有如 TuneCore 這種能夠以個人名義註冊的線上發行平台，請自行參考（**畫面①**）。

檔案格式

檔案格式基本上會遵照各平台的規定或建議採用的規格。雖然 SoundCloud 支援非壓縮檔，不過一般大多會轉成 MP3、AAC 等壓縮檔格式。音質可能會

◀圖片① 線上發行平台 TuneCore JAPAN（http://www.tunecore.co.jp/），可讓用戶將作品上架到 iTunes Store 等形形色色的線上音樂平台上販售[譯注]

譯注 **TuneCore**：英文網頁入口https://www.tunecore.com/sell-your-music-online。

有所改變，但好處是比較不占儲存空間，也能降低聽眾在下載時或線上播放時的心理負擔。有不少 DAW 都具有匯出 MP3 檔的功能，所以不妨確認看看。若要以影片的形式上傳，通常會採用 AAC 格式，格式可透過影片編輯軟體轉換。

當轉成 MP3 或 AAC 檔時，需要設定取樣頻率（sampling rate）及位元率（bit rate）。若平台有建議的規格，還是要按照建議來設定。取樣頻率以 44.1kHz 和 48kHz 較為常見。位元率的話，以 MP3 檔為例，320kbps 能讓音質維持在壓縮前的水準，不過檔案大小只能壓縮到 WAV 檔的 1/4 左右。而 128kbps 雖然可以壓縮到 1/11 左右，但音質的變化相當明顯。如果平台沒有相關規定，建議多嘗試各種設定，並逐一透過耳朵確認。順帶一提，YouTube 建議的立體聲道的音訊位元率是 384kbps。

YouTube的音量規範

以音樂的發表平台來說，YouTube 算是相當有魅力，不過平台設有「響度標準」，這點必須留意。

「響度（loudness）」是用來表示「人耳感受到的音量大小」的單位，YouTube 已針對此單位設定基準值。簡單說就是「音量規範」，不論作品的音壓提高了多少，上傳後還是會自動降到 YouTube 設立的基準。

YouTube 上有各式各樣的影片，影片的音量大小並不一致。若有的影片音量很大，用戶就得一一調整音量，相當麻煩。據說 YouTube 就是為了盡力避免這種音量上的差距所造成的不適感，因此才會設立響度規範。

至於音量上限是多少？似乎是會降到 -13LUFS 左右 (譯注：YouTube 已於 2019 年將響度標準調整為 -14LUFS)。LUFS 為「相對於滿刻度的響度變化量（Loudness Unit relative to Full Scale）」的簡稱，是前文提到的響度的單位。以一般的音樂作品來說，音壓高的作品有時候音壓會達 -5LUFS 左右，因此下降的幅度算是頗大。

附帶一提，日本的有線廣播電視系統規定各節目的響度不能超過 -24LKFS（LUFS 和 LKFS 皆為響度單位，目前可視為相同單位）（譯注：LKFS 全名為 Loudness K-Weighted Full Scale，意思是相對於滿刻度的 K 加權響度，和 LUFS

的規範與定義完全相同，差別在於定義規範的組織不同，LKFS 是美規，LUFS
是歐規。另外還有一個 LU（Loudness Units）。三者定義皆相同，即 1LKFS =
1LUFS = 1LU = 1dB，並彼此通用）。

想將已提高音壓的作品上傳到YouTube時

　　把音量超過響度標準的作品上傳到 YouTube 會發生什麼事呢？若單純只是
音量下降的話，或許一句「沒辦法」就直接作罷也無傷大雅，然而實際上音質
可能會出現問題。

　　舉例來說，假設某作品在混音結束時的波形如**畫面②**。而此作品經過音量
最大化（maximizing）盡可能加大音壓後的波形則是**畫面③**。如果按照 You-
Tube 響度標準上傳，此作品的音壓會減低 8dB，會如**畫面④**那樣出現約 8dB 的
預留空間（headroom）。然而，這時動態表現必定不如畫面②的階段，波形也
變成波峰都被削平的狀態。由於動態空間已經消失，音質上也會感受不到悠揚
婉轉或層次豐富的感覺。不僅如此，音量還變小了，這樣就失去提高音壓的目
的，根本是本末倒置。由此可知，如果沒有必要的話，要上傳到 YouTube 的作
品，音壓不要做得太大比較理想。

◀畫面② 混音結束時的波形。保
留了充分的動態空間

◀畫面③ 完成母帶後期處理時的
波形。音壓補強到極限，波形的
高低起伏已經變形

◀畫面④ 在響度標準下被降低音
量的波形。動態空間已喪失，連
音量感也消失了

活用響度表

壓縮動態空間以表現音壓感並非都是壞事。視情況替聲音加強力道，有時候也會讓音樂比較順耳。問題在於平衡表現。此時，響度表（loudness meter）就能有效做出理想的平衡表現。

近年很多 DAW 都已經將響度表列為基本配備。有些內建在外掛式效果器（plug-ins）的音量儀表中，Cubase 則是以標籤頁（tab）切換峰值表（peak meter）／ RMS 表（RMS meter）或響度表（**畫面⑤**）。已確認過響度表並非就一定能順利做出理想的作品，但是要上傳到 YouTube 的作品，可在母帶後期處理階段加以運用這類儀表。在檢視過峰值表、RMS 表及響度表上的數值後，應該能讓各位進而思考如何拿捏音壓與音質上的平衡表現。

況且除了 YouTube，今後其他平台也可能會設立響度標準。就這個層面而言，不要過度依賴音壓，自然就成為音樂製作的重點。

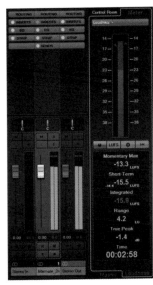

▲畫面⑤ 右側為 Cubase 的響度表。Momentary Max.（瞬間最大響度）為每 400ms 的平均響度；Short–Term（短期響度）是每 3s 的平均響度；Integrated（綜合響度）顯示的則是測量時間範圍內的響度平均值。基本上參考 Integrated 的數值即可

思考如何與音壓和平相處

CD 不像有線廣播電視系統或 YouTube 那樣有建立響度標準，所以可以自由自在地設定音壓。只是，在有設立響度規範的平台上或在製作高解析音樂時，還在音壓上相互較量就不是明智之舉了。筆者認為，好聲音並非光是「音量大」，還要視各種要素彼此是否能和諧地相互作用。因此，覺得「聲音好小」的時候，不妨將音量轉大一點，也許就能聽出當初沒有留意到的優點。而且也幾乎可預見各線上平台未來可能都會加以採用響度標準，因此請務必趁這個時候思考一下該如何與音壓和平共處。

⣿⣿ 在CD和音樂檔案中寫入各類資訊

ISRC

　　要發行 CD 及線上音樂時，就必須先各自取得一組由 12 個文字組成的代碼，稱為 ISRC 國際標準錄音錄影資料代碼（The International Standard Recording Code ／ ISRC Codes，簡稱 ISRC 碼）。

　　這個代碼是方便影音著作權管理系統辨識樂曲的唯一國際代碼。在日本是由日本唱片協會（Recording Industry Association of Japan）負責協助業者或個人辦理申請或登記，詳情請參閱日本唱片協會官網說明（http://isrc.jmd.ne.jp）[譯注]。

　　另外，申請時會依照樂曲數目和費用分成兩種方案，其中一種可以只申請登記一首歌。對個人經營的獨立廠牌來說，這個方案較能減少經濟負擔。此外，有時候發行商等整合業者也會幫忙申請，所以記得要確認以免重複申請。

　　許多燒錄軟體和母帶後期製作軟體都支援寫入 ISRC 碼（**畫面①**）。而製作 MP3 等音檔時，也可以透過支援寫入功能的軟體將 ISRC 碼一起封存在檔案中。

	輸入		輸出
開始	長度	ISRC	備考
0 s	1 mn 21 s 320 ms	JP-ZAA-11-01231	
n 21 s 320 ms	1 mn 25 s 293 ms	JP-ZAA-11-01232	
n 48 s 613 ms	3 mn 11 s 293 ms	JP-ZAA-11-01233	
n 1 s 907 ms	1 mn 8 s 867 ms	- - -	

▲畫面① 在 Steinberg WaveLab 中輸入 ISRC 的畫面（代碼為虛構）

編輯ID3標籤

　　雖沒有發行打算但想在網路上發表作品時，有些作業還是先完成會比較好，接下來說明這類作業。

　　MP3 檔設有一種稱為 ID3 標籤（ID3 tag）的資料標籤，可以在檔案中編輯曲目名稱、專輯名稱、演出者名稱、曲目、作曲者等各式資訊（**畫面②**）。而且這些資訊也會顯示在支援顯示的音樂播放程式或隨身聽等音訊播放裝置上。要是播放器無法顯示曲名和演出者名稱的話，可能會使聽眾迷失在音樂庫中找不到歌曲，所以一定要事先填好。或許這個 ID3 標籤中的資訊，有機會搭起友誼的橋樑也不一定。

　　順帶一提，有時候文字內容可能會因為軟體而出現亂碼，因此在輸入之後請將檔案放到播放軟體等裝置中，確認是否能正常顯示。

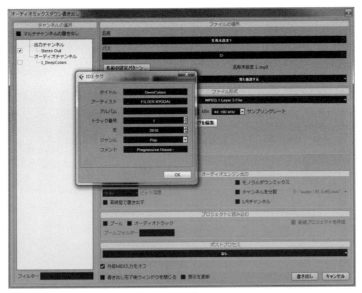

▲畫面② 在 Cubase 中編輯 ID3 標籤的畫面

譯注：台灣則可向國家圖書館的國際標準書號中心（暨ISRC管理中心）免費申辦https://isrc.ncl.edu.tw/。

chapter **35** CD母帶後期處理結束後的後續作業

在光碟曲目資料庫上註冊光碟資訊

利用線上服務

　　MP3 檔在編碼時可以使用 ID3 標籤將樂曲資訊編輯到檔案中，CD 則可利用燒錄軟體等程式中的「CD 版權資訊（CD-Text）」功能，將專輯名稱、曲名記錄下來（**畫面①**）。不過，沒有支援顯示的 CD 播放器就無法顯示 CD 版權資訊。

　　近年來較為普遍的做法是在網路上的線上光碟曲目資料庫（CD Database）登記作品。一般常聽到的是「CDDB（Compact Disc Data Base）」，這是一家提供線上光碟曲目資料庫服務的企業「Gracenote」所註冊的商標。此 CDDB 有支援 iTunes 和 Winamp 等音樂播放程式。其他還有 Windows Media Player 採用的 AllMusic，以及 CDex 和 B's Recorder 採用的 freeDB^{譯注}等線上資料庫。

　　聽眾要取得 CD 光碟資訊，必須將 CD 放進已連線上網的電腦，或是和資料庫連線的汽車衛星導航等裝置的播放器中。後續的步驟則會隨軟體程式而異，不過放入 CD 後，大多都會自動比對資料庫，曲名和演出者名稱等資訊隨後就會顯示出來。

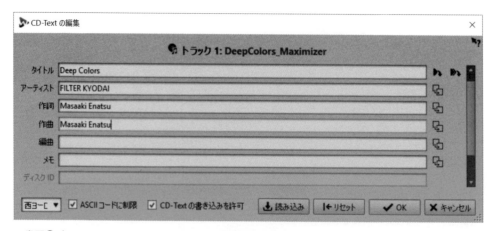

▲畫面① 在 Steinberg WaveLab 上輸入 CD 版權資訊的畫面

還可顯示於ID3標籤中

　　任何人都能免費註冊線上光碟曲目資料庫。只要先在軟體中輸入曲名、專輯名稱、演出者名稱等資訊，再將資訊提交出去即可，請務必多加利用（**畫面②**）。

　　只是一張個人獨力製作的CD光碟同樣能註冊。因此，假設一名陌生聽眾取得宣傳用的光碟，當CD被放進電腦後，藝人名稱和歌曲資訊便會顯示在螢幕上，如此一來聽眾就有機會認識創作者。雖然註冊多少需要花上一點時間，但如果一次註冊多個資料庫，就能提高聽眾認識作品的機會。

　　而且，光碟資訊一旦註冊到光碟曲目資料庫上，當CD轉成MP3等音檔時，這些資訊也會自動顯示在ID3標籤中。另外，雖說線上光碟曲目資料庫已經成為主流，若製作CD母帶時能順手填寫CD版權資訊，也比較貼心。不過，CD版權資訊在未支援日文顯示的播放器中經常會出現亂碼，所以輸入時請使用羅馬拼音或英文，以避免問題產生。

▲畫面② 在 iTunes 上提交光碟資訊給 Gracenote

譯注　**freeDB**：freeDB已於2020年3月31日關閉網站並終止服務。

音壓參考作品⑤

《SONORITE》
山下達郎

《The story of town where
cherry blossoms bloom》
（桜咲く街物語）
生物股長（ikimonogakari）

● 高傳真且富有現代風格的音壓質感

從過去到現在，山下達郎的作品都以高傳真音質聞名，而此張作品依舊富有高傳真質感，音壓的設定同樣是範本等級，可看到RMS表頭都調整在−10dB上下，音壓感也很飽滿。現代風格那種殘響聲偏薄的乾式效果（dry）和傳統濕式效果（wet）的混音表現在這張專輯中縱橫交錯，得以一窺混音手法上的絕妙技巧。尤其是人聲的混音處理，不妨多加參考。

● 主體為人聲的音壓調節

近年日本流行音樂在混音時大多採用殘響效果較薄的手法，在這股潮流當中，這張作品亦是以乾式效果來彰顯人聲，可說是日本流行音樂當代風格的代表。不但音質出色，還充分表現出人聲的呼吸節奏與樂器演奏的細節。雖然有些歌曲的音壓偏高，不過混音時主要是在人聲上提高音壓，因此不會出現吵雜的感覺。想要把人聲擺在前面時，可參考這張專輯的做法。

PART **7**

母帶後期處理工程師的對談

本書的壓軸，即是作者江夏正晃與母帶後期製作工作室 SAIDARE MASTERING 的首席工程師森崎雅人（Masato Morisaki）^{譯注}之間的對談。 SAIDARE MASTERING 是由知名音樂人兼錄音師、音響空間設計師的小野誠彥（Seigan Ono）所創立的母帶後期處理工作室，而且除了母帶後期處理工程，該工作室在 DSD（Direct Stream Digital，直接位元流數位）錄音工程的領域上也頗負盛名。據說江夏先生在撰寫本書時，便是將他所屬音樂團體 FILTER KYODAI 的專輯作品《BULL & BEAR》的母帶後期處理委託森崎先生處理。其理由是為了在本次作品中保有客觀的立場，因此特意不自己進行母帶後期處理，而是交由其他工程師操刀。也因此，江夏先生得以見識到森崎先生在母帶後期處理工程上那種嚴以律己的工作態度。由於深受感動，希望能與讀者分享，因而促成此次的對談。期待讀者能充分感受到專業人士對待聲音的真誠姿態（編輯部）。

譯注：森崎雅人已於2018年10月起任職於TINY VOICE PRODUCTION。

▲左為森崎雅人，右為江夏正晃

與母帶後期處理工程師的對談

森崎雅人╳江夏正晃

EQ是讓聲音聽起來大聲的關鍵，做得好就能讓音量提高兩成左右

音量的甜蜜點

江夏 今天要請您多多關照了。直接進入主題，請問森崎先生認為的「母帶後期處理」是什麼？

森崎 極端一點的說法，就是將音樂帶來的感動提高到極致的工程。當然前提是「要有提高的空間」，當混完音的母帶已經是最佳狀態，就要有下定「什麼都不需要做」的勇氣也很重要。選用品質最好的 D/A 轉換器[譯注]，選用品質最好的 A/D 轉換器，再挑選品質最好的線材，然後透過這些器材錄音，最後只調整音量，有些樂曲光是這樣做就足夠了。當然也有需要充分調整的歌曲，不過我認為能不能加以判斷非常重要。

江夏 這點就是我認為森崎先生最可靠的優點之一。這次是我個人的作品，為了保持客觀性，我特意拜託森崎先生幫忙，不自己做母帶後期處理，也因為您會視樂曲狀況，主動提議「江夏先生，這首不動比較好喔」，這點真的很感

PROFILE　森崎雅人● 曾是 SAIDERA MASTERING 首席工程師。1994 年進入 Onkio Haus（音響ハウス）工作，任職錄音工程師六年。隨後進入 SAIDERA MASTERING 轉任母帶後期處理工程師。「將樂曲的魅力展現到極致」以及「用少量的技術做出最有鮮度的聲音」是其母帶後期處理的方針。東京藝術學園音響藝術專門學校（音響芸術專門學校）客座講師。

謝。而且我已經打算發行高解析音樂和 CD 兩種形式，所以當時我們也討論到「CD 的話，音壓就推到最大吧」，或「高解析音樂還是不要推那麼大」之類的做法。

森崎 嗯嗯。

江夏 那時考量到兩種形式的聆聽環境，認為 CD 可以做得比較華麗一點，高解析音樂則要做出動態空間充足的音量，會比較容易聆聽，不過最後還是聽從森崎先生的建議，母帶只做一種高解析音樂與 CD 皆適用的最佳版本。

森崎 在作業途中不小心找到音量的甜蜜點了。而且最佳音量是透過類比器材找到，以料理比喻的話就是熟度。在最佳熟度之前關火會太生，煮過頭又會燒焦。就這點而言，我想正是因為剛好找到最恰當的點，所以 CD 和高解析才都能處於最佳狀態。

江夏 委託您母帶後期處理的《BULL & BEAR》雙 CD 專輯中，其中的《BULL》是以舞曲為主的電音放克作品，《BEAR》則以配樂為主，是風格比較沉靜的跨界音樂（crossover），好像是在做《BEAR》的時候找到最佳音量的吧。

森崎 是的。音量要不要多推 0.1dB，細膩度差相當多。想盡量讓高解析音樂愈到深處愈有感覺，或者是說想要把質感最棒的地方留下來，不過當時有想過是否有必要為了在 CD 上做出力道而改變那道質感？當時光是多推 0.5dB，就已經覺得「啊，這首歌不行了」。尤其是鋼琴輕柔的觸鍵，CD 的 44.1kHz 規格就能夠把細緻度充分表現出來，我認為沒有扼殺的必要，所以才主動提議。

江夏 也就是說，0.1dB 就足以產生差異了。這麼細微的聲音差異要如何才能辨別得出來呢？

森崎 監聽環境最為關鍵。首先最要緊的是要嚴肅看待喇叭的擺放位置。然後使用用得習慣的器材也很重要。有人認為要用高級器材，有人會用超級廉價的器材，各有各的看法，不過器材有一定水準，用順手就好。

江夏 SAIDERA MASTERING 的監聽喇叭是用 PMC MB1 吧，記得我曾經問過森崎先生「PMC 的喇叭好用嗎？」的問題，您那時說「只是用習慣而已」，還對我說「用什麼喇叭都行啦」。

PART
7
母帶後期處理工程師的對談

譯注 **D/A轉換器**：Digital–to–Analog Converter / DAC，將數位(digital)訊號轉換成類比(analog)訊號的裝置。A/D轉換器(Analog–to–Digital Converter，ADC)則和D/A轉換器相反，是將類比訊號轉換成數位訊號。

森崎　系統配置都有相應的做法，所以不管用的是什麼廠牌的喇叭，還是可以在聲音上做出相同的頻率表現和律動感。假設用的是耳機的話，一首歌就足以熟悉器材的特色了。只要重複播放聽到滾瓜爛熟的歌曲，就能在體內建立「軸心」。如此一來，就會知道「這支耳機的人聲比較大聲，大鼓較小聲」，在做其他歌曲時也能當做判斷的基準。順帶一提，母帶後期處理的結果容易和喇叭或耳機的特色相反，這點最好記起來。舉例來說，若是作業時使用的是人聲比較聽不清楚的耳機，調整時自然會想加強人聲的表現，人聲最後往往會比較大聲。所以這時的重點就是要把人聲做得不是那麼明顯。

器材選擇決定作業方向

江夏　母帶後期處理會從樂曲的哪個部分開始聽起呢？

森崎　如果是說平衡表現的話，會先聽歌曲的音量和低音的質感。把樂曲放

▲圖 SEDERA MASTERING 工作室全景。天花板高達 4.4 公尺，除了母帶後期處理工程，有時也做為錄音室使用。立體聲混音專用的大型喇叭是 PMC MB1，環繞聲道則是使用 Eclipse TD712z MK2、TD510 MK2、SOLID ACOUSTICS 755 Professional

在一起聽時，人聲類型的基本動作就是要統整人聲聽起來的感覺。另外，假設是舞曲類型的話，節奏的表現方式也必須整合到一個程度。當然，歌手或樂手也在現場時，就會一起討論「重點要放在哪裡」。

江夏 是用什麼系統來播放呢？

森崎 江夏先生的作品是用 Avid Pro Tools。用 RME HDSPe AES 這款音效卡類型的錄音介面以 AES/EBU 輸出。然後這組輸出會送到監聽控制器（monitor controller）GRACE DESIGN m906，再透過 AV 擴大機（AV amp）SONY TA-DA9100ES 輸入到監聽喇叭 MB1 中。

江夏 SEIDERA MASTERING 有準備多款 D/A 轉換器和 A/D 轉換器，平常怎麼分配呢？

森崎 如果工程師和樂手或歌手都在的話，會一起聽混音後的母帶，一首歌大概會花一個小時討論後期處理的方向。當下也會仔細挑選 D/A 轉換器或類比線材等器材。這麼做有兩個目的。一來是想讓大家放鬆心情，二來是帶大家以母帶後期處理的觀點來聆聽聲音。所以，試線材時大家真的就會認真試聽比較。

江夏 也就是要改變聽聲音的方式吧。轉換器有哪些種類呢？

森崎 有 LAVRY Quintessence、db Technologies DA924、db-4496、Prism Sound ADA-8、EMM Labs DAC8 Mk IV、EMM Labs ADC8 Mk IV、dCS 905 ADC、FERROFISH A16 MK-II 等。這些器材的機櫃接頭設計得很簡便，隨時都能更換配線。一般會準備四到五款，不過選項太多反而會讓樂手或歌手不知所措，所以如果對方不太熟悉器材，就準備兩款左右，熟悉的話就準備三種左右。另外，如果對方表示「歌聲想要再大一點」就會換別款。流程上會先挑 A/D 轉換器和 D/A 轉換器，再利用類比式的 EQ 和壓縮器微調，打好聲音的基礎。只不過類比壓縮器幾乎不太使用。例如，會用 Prism Sound MLA-2，只是因為想借用這台壓縮器的特色。類比 EQ 也只是把 18Hz 以下的低音拉掉一些，用法大概是這樣。

利用Ozone多次進行EQ調節

江夏 錄音是用哪一款 DAW 呢？

森崎 MAGIX Sequoia，用 32bit ／ 96kHz 錄音。Sequoia 最棒的地方就是可以

直接從 32bit ／ 96kHz 匯成 16bit ／ 44.1kHz 的 DDP 檔。位元降轉器也很優秀,有六種模式,而且內部是以 64bit 處理,這點影響也很大。音質真是讓人驚艷。鋼琴和琴弦聲都非常自然。

江夏 所以,最後會在 Sequoia 上完成作業嗎?

森崎 是的。用 Sequoia 錄完音時的音量還很小,所以會用 iZotope Ozone 7 Advanced 提高音壓。開始用 Ozone 之前都是用 tc electronic SYSTEM 6000,現在偶爾也會使用。SYSTEM 6000 的聲音很厚實啊。

江夏 怎麼會想到用 Ozone 呢?

森崎 以前一直在找效果自然的限幅器,有次在《Sound & Recording Magazine》這本雜誌看到 Sterling Sound 公司^{譯注}的母帶後期處理工程師葛雷格・卡爾比(Greg Calbi)用的是 Ozone。因為我很崇拜葛雷格,想說跟著他用準沒錯,所以才開始使用。

江夏 Ozone 常用哪一款效果器呢?

森崎 一開始會加掛 Vintage Limiter 來壓峰值。這樣做之後的狀態會變得很好,也有利於後面 Equalizer 和 Dynamics 的操作。Equalizer 有時候也會用好幾次,有

圖◀採訪當時工作室配置的各類外接器材。左邊機櫃上方擺了 RME MADIface XT、FERROFISH A16 MK-II、SONY TA-DA9100ES。機櫃中由上至下分別是 dCS 905 ADC、DANGEROUS BAX EQ、LAVRY Quintessence、db Technologies db-4496、Prism Sound ADA-8、DANGEROUS BAX EQ、Prism Sound MLA-2、TASCAM CG-1800、db Technologies db-4496、DA924、3000S、tc electronic SYSTEM 6000。右邊機櫃上方則是 VU 表和 AND AD-5131。機櫃中由上至下為兩台 SONY DRE-S777、EMM Labs ADC8 Mk IV、DAC8 Mk IV、GRACE design m906

圖▶監聽系統的配置方面，監聽喇叭的正前方不放置控台，而是擺上 DAW 專用螢幕及最低限度使用的控制器。顯示在右方螢幕中的是錄音用的 DAW「MAGIX Sequoia」，監視控制器 m906 的控制器部分放在桌面下，SYSTEM 6000 的控制器擺在工作桌左手邊。而顯示在左方螢幕中的則是播放專用的 Avid Pro Tools，左右兩側的喇叭為 ECLIPSE TD-M1。其下方則是 DANGEROUS BAX EQ、Rockruepel：COMP. ONE、SONY HAP-Z1ES

時還會接著用 Dynamics。最後就是 Maximizer 了。

江夏 用好幾次 Equalizer 調節 EQ 這點讓我印象深刻。我也常常這樣做。

森崎 想在相鄰的頻率上調整 EQ 時，只做一次 EQ，波峰跟波谷相連的弧線會不夠流暢，所以要再用另一台 EQ。處理上算是相當複雜，不過用這個方法的話，以人聲來說，母音與子音、身體內部的共鳴、泛音等部分，全都可以分開調整。如果有人要求「聲音的輪廓要再具體一點」時，也能立即應對。像大鼓的 EQ 通常就會做八個頻段左右。假設大鼓是放在室內，其中就會摻雜好幾個要素，像是大鼓本體發出的聲音、鼓槌（beater）的敲擊聲、房間的共鳴等等。要個別調整這些要素，就需要好幾台 EQ。順帶一提，EQ 的 Gain 可以調整到小數點以下五位，所以要是憑感覺調整，當有人反應「之前比較好」時就很難回頭。所以我全部都是輸入數字。

江夏 就像一個目標用一台 EQ 處理的感覺。用這種方法的話，Gain 的增減也會謹慎一點，就能了解到 1dB 的差別也會讓聲音大幅變化。

頻率最低的頻段不能加掛壓縮器

江夏 森崎先生在提高音壓時，也會用到 EQ 吧。

森崎 在聽覺上要讓聲音聽起來大聲的話，EQ 就很重要。做得好的話，就能讓音量聽起來增加兩成左右。祕訣在於要做出類似拍桌子的聲音，也就是要

譯注 Sterling Sound公司：位於紐約的Sterling Sound為國際知名的母帶後期處理錄音室，經手作品曾多次榮獲葛萊美等多項音樂大獎肯定。

PART
7
母帶後期處理工程師的對談

把聲音的基幹扎扎實實地表現出來。

江夏 聽起來大聲的關鍵在於 EQ，是這個意思嗎？

▲森崎雅人

森崎 是的。以棒球投手來比喻的話，有時候不是會聽到「球速很快，但是很好打」，或是「直球球速不快，可是很沉」之類的說法嗎？大概類似這種感覺。我個人也很喜歡提高音壓這個作業。只是有時候也得顧慮到每種樂曲都有適當的方式，所以如果樂手或歌手認同我的做法，我會很樂意把音壓調低。不管怎麼說，我會盡量不加以潤色。用攝影的說法，就是用黑白照也能分出勝負，我認為這就是母帶後期製作的基礎概念。如果是因為監聽喇叭的種類很多，各有不同特色，因此想利用這點來取勝，在音色上琢磨過頭的話，可是不行的喔。

江夏 先前您提到會看樂曲來使用 Dynamics，請問也會用到 Dynamics 內建的多頻段壓縮器嗎？

森崎 會喔，這個也有技巧。假設多頻段壓縮器有四個頻段，頻率最低的區段不能加掛壓縮器。用了會讓聲音變得剛硬，大鼓的彈性也會消失。尤其是電子舞曲類型，這裡要放開一點才行。反過來說，往上一個頻段，假設最低的頻段是 130Hz 以下的話，鼓槌的敲擊聲等低音的基幹會落在 130Hz ～ 500Hz 左右的頻段中，所以這個部分就會用 2：1 的壓縮比壓深一點。接著，再往上的頻段就是旋律性的素材，這裡的調節可以選擇要把人聲擺在前面，還是放到後面一點。然後頻率最高的 10kHz 以上的區段，會用齒音消除效果器（De-Esser）的方式加以處理。

江夏 Maximizer 都選哪個模式？

森崎 Sequoia 的話是 IRC III。如果是有人聲的歌曲或鋼琴這種容易失真的音色，用 IRC IV 幾乎不會破掉。而且，按照我的做法，聲音在先前就已經先用 Equalizer 微調過了，所以增益衰減（Gain Reduction）幾乎動不到。

江夏 也就是不需要過度調低臨界值就能提高音壓的意思。

把自身的狀態調整好也很重要

江夏 最後想請您給讀者一些建議。母帶後期處理的祕訣是什麼？

森崎 我想首先應該要整備監聽環境，建立軸心。即便監聽喇叭使用的是同一台，用目測的方式擺放，與用量尺測量後再安置，兩個音色完全不一樣。調整喇叭的位置時，間距是以公分或以公釐為單位，音色也會不同。多留意一下這些地方，聲音的品質就能大幅提升。

江夏 多在這些地方累積經驗，就能聽出細微的差異。

森崎 沒錯。是要改變喇叭的擺放角度，還是擺在穩固的喇叭架上，這些小動作就能帶來截然不同的變化。此外，最後的結果如何操之在己，所以自我管理也很重要。舉例來說，我從踏出錄音室到進家門為止都會帶上耳塞，不讓耳朵運作。而且在做母帶後期處理時，也會切換身體內部的開關。例如，調整音量時，我不會一首歌從頭聽到尾。在一首歌當中，我會進行約五次只專注一秒鐘的動作，其他時候都會關閉感官。聽一下主歌，再聽一下副歌，讓耳朵只在那一刻運作的感覺。我覺得短時間內的注意力比較容易維持，耳朵也比較不會累。

江夏 也就是說，監聽環境的配置及自我管理這兩項作業，才是做出好聲音的祕訣。各位不妨試試看。

▲江夏正晃

《BULL & BEAR》FIRTR KYODAI
由本書作者江夏正晃及其活躍於影像製作領域的胞弟江夏由洋所組成的音樂團體「FILTER KYODAI」的創作專輯。母帶後期處理由森崎雅人操刀,是一張含 36 首歌曲、專輯長度長達兩小時三十一分鐘的鉅作。

● 本書中使用的樂曲

〈Deep Colors〉奧山友美
Music/Words：Masaaki Enatsu
Vocal：Tomomi Okuyama

11 月 27 日出生於北海道帶廣市。14 歲時參加索尼音樂 (Sony Music) 主辦的試音活動,日後便以老家北海道為主,從事廣播主持、電視節目錄影、現場表演等活動。2002 年 7 月以 avex io 發行的歌曲〈世界がもし 100 人の村だったら～ little wings ～〉在日本各地引發話題。至今已發表多張專輯與單曲。除了音樂活動,目前也以配音員、模特兒等身分活躍於各領域。

〈ALTERNATE〉FILTER KYODAI
Music：FILTER KYODAI
收錄於專輯《JET BLACK》(mR007)

筆者所屬音樂團體「FILTER KYODAI」的作品。

〈Famiglia Trueman〉檜山學
Music：Mamabu Hiyama
收錄於專輯《Debut》(BOSC 2001)

1976 年出生於岡山市。幼時受到父親影響開始學習手風琴。高中畢業後前往義大利,進入位於威尼斯近郊波爾托格魯阿羅市 (Portogruaro) 的聖契其利亞音樂院 (Fondazione Musicale Santa Cecilia) 手風琴科就讀。師從 Gianni Fassetta。1997 年榮獲義大利手風琴大賽首獎。同年獲得 Giovanni Bortoli 盃手風琴大賽第二名。2000 年前往巴黎,轉而使用按鈕式手風琴。目前主要在東京發展,並活躍於歌劇 / 舞台劇音樂演奏、電視節目 / 廣告音樂以及各式團體演奏、錄音、現場演奏等活動。音樂活動類型廣泛,不限於音樂類別或手風琴音樂。令人引頸期盼的首張專輯《Debut》於 2011 年發行。

〈Captured〉Goo Punch!
Music：Goo Punch!
收錄於專輯《2nd》(mR008)

匯集音樂界的各路好手,將爵士、搖滾、放克等豐富多元的音樂性完美融合在專輯中。擅長製作攻擊力道強勁的放克音樂,每場現場表演都能震撼觀眾的感官。2004 年推出首張專輯《GOO PUNCH!》。專輯中的歌曲被 Mandom 公司旗下的男性化妝品牌「GASTBY」選為廣告歌曲。2009 年發行第二張專輯《2nd》。邀請到 Paradise 山元 (打擊樂器) 合作,讓放克音樂洋溢著更加奔放的速度感。團員為渡邊 Fire(中音薩克斯風)、Teddy 熊谷 (次中音薩克斯風)、松尾 Hiroyoshi(吉他)、今福知己 (貝斯)、竹內勝 (鼓)、進藤陽悟 (鍵盤)

後記

本書初版發行於2011年。在那個年代，想自己進行母帶後期處理有相當的難度。經過五年之後，音樂的製作環境不斷地進化，除了製作環境之外，母帶後期處理的作業環境也出現了大幅變化。音樂藝術家利用DAW親自進行母帶後期處理的情況絕非罕見，我們可說是已經進入一手統籌作品的時代。當然，母帶後期處理是一連串高難度的作業，是必須具備許多技術與知識的重要工程。然而，時代已經轉變，只要充分理解過程與目的，知道什麼是母帶後期處理？該如何進行？就能利用電腦和軟體製作出高品質的作品。

老實說，2011年那時，我不認為DAW的周邊技術會進化到這般地步。不過，母帶後期處理的基礎觀念與初版當時並無二致。本次的修訂版是將必要的部分保留下來，並另外增補許多全新內容。這些年音樂逐漸朝向多樣化發展，響度戰爭似乎已不見當年熱度，高解析音樂等這類注重音質品質的作品也相繼問世。隨著音樂的多樣化發展，多元化的音樂製作環境與母帶後期處理也備受期待。我在製作自己的音樂時，有時候也會委託母帶後期處理工程師。不管是為了保有成品的客觀性，或是學習母帶後期處理的多種技術都是必要的支出。

請求朋友把作品交給自己處理，可以精進母帶後期處理的技術。相信各位一定會遇到不知道怎麼處理的情況或新發現，希望這本書能夠幫上忙。

最後要向眾樂手、工程師，以及Marimo Records的諸位伙伴獻上謝意，由衷感謝各位在筆者撰寫本書時給予協助。

2016年9月 江夏正晃

國家圖書館出版品預行編目（CIP）資料

母帶後期處理全書：從混音重點到樂曲類型、目的用途、音訊格式，深入
MASTERING技術工程專業實務手法/江夏正晃著；王意婷譯. -- 初版. --
臺北市：易博士文化，城邦文化事業股份有限公司出版：英屬蓋曼群島商家
庭傳媒股份有限公司城邦分公司發行, 2022.04　面；　公分
譯自：DAWではじめる自宅マスタリング：ミックス段階から「楽曲タイ
プ」別に徹底解説！

ISBN 978-986-480-221-0(平裝)
1.CST: 錄音工程 2.CST: 音響學 3.CST: 數位影音處理

471.9　　　　　　　　　　　　　111004966

母帶後期處理全書

從混音重點到樂曲類型、目的用途、音訊格式，深入MASTERING技術工程專業實務手法

原 著 書 名 / DAWではじめる自宅マスタリング：ミックス段階から「楽曲タイプ」別に徹底解説！
原 出 版 社 / Rittor Music,Inc.
作　　　者 / 江夏正晃
譯　　　者 / 王意婷
選 書 人 / 鄭雁聿
執 行 編 輯 / 鄭雁聿

業 務 副 理 / 羅越華
總 編 輯 / 蕭麗媛
視 覺 總 監 / 陳栩椿
發 行 人 / 何飛鵬
出　　　版 / 易博士文化
　　　　　　城邦文化事業股份有限公司
　　　　　　台北市中山區民生東路二141號8樓
　　　　　　電話：（02）2500-7008　傳真：（02）2502-7676
　　　　　　E-mail：ct_easybooks@hmg.com.tw
發　　　行 / 英屬蓋曼群島商家庭傳媒股份有限公司城邦分公司
　　　　　　台北市中山區民生東路二段141號11樓
　　　　　　書虫客服服務專線：（02）2500-7718、2500-7719
　　　　　　服務時間：周一至周五上午09:30-12:00；下午13:30-17:00
　　　　　　24小時傳真服務：（02）2500-1990、2500-1991
　　　　　　讀者服務信箱：service@readingclub.com.tw
　　　　　　劃撥帳號：19863813
　　　　　　戶名：書虫股份有限公司
香港發行所 / 城邦（香港）出版集團有限公司
　　　　　　香港灣仔駱克道193號東超商業中心1樓
　　　　　　電話：（852）2508-6231　傳真：（852）2578-9337
　　　　　　E-mail：hkcite@biznetvigator.com
馬新發行所 / 城邦（馬新）出版集團 [Cite (M) Sdn. Bhd.]
　　　　　　41, Jalan Radin Anum, Bandar Baru Sri Petaling, 57000 Kuala Lumpur,
　　　　　　Malaysia
　　　　　　電話：（603）9057-8822　傳真：（603）9057-6622
　　　　　　E-mail：cite@cite.com.my
製 版 印 刷 / 卡樂彩色製版印刷有限公司

DAW DE HAJIMERU JITAKU MASTERING MIX DANKAIKARA"GAKKYOKU TYPE" BETSUNI TETTEI
KAISETSU!
Copyright © 2016 MASAAKI ENATSU
Originally published in Japan by Rittor Music, Inc.
Traditional Chinese translation rights arranged with Rittor Music, Inc. through AMANN CO., LTD.

■2022年04月26日初版1刷

Printed in Taiwan
著作權所有，翻印必究
缺頁或破損請寄回更換

ISBN 978-986-480-221-0
定價750元　HK$250

城邦讀書花園
www.cite.com.tw